Lezzetten Ödün Vermeyen Diyet

Uzman Doktor

Ömer Engin

LEZZETTEN ÖDÜN VERMEYEN DİYET

Uz. Dr. Ömer Engin

Yazarı (Author): Uz. Dr. Ömer ENGİN (Turkish Operator Doctor)

Sayfa Düzenleme & Grafik Tasarım: e-KİTAP PROJESİ

Kapak Tasarımı: © E-Kitap Projesi, Meltem Beste KARGÖZ
Editorial: Banu Fişek & Fulya Saatçıoğlu

Yayıncı (Publisher): http://www.ekitaprojesi.com, Murat Ukray
Baskı ve Cilt (Print Publisher): www.lulu.com
Yayıncı Sertifika Numarası (Publisher Certificate Number): 32712
Istanbul, Subat (February), 2016
ISBN: 978-1-329-85368-3

Yazar & Kitap İletişim (Author Contact):

(e-mail & web):

omerengin@hotmail.com
www.ekitaprojesi.com/books/lezzetten-odun-vermeyen-diyet
www.facebook.com/EKitapProjesi

§

Yazar Hakkında

Yazar 1968 doğumlu olup tıp doktorluğu eğitimini 1985-1991 yılları arasında İstanbul Üniversitesi İstanbul Tıp Fakültesi'nde yapmıştır. 1994-1998 yılları arasında genel cerrahi uzmanlık eğitimini ise Sağlık Bakanlığı Taksim Eğitim ve Araştırma Hastanesi 2. Genel Cerrahi Kliniği'nde tamamlamıştır.

§

Ülkemizin çeşitli yerlerinde çalışmış olup halen İzmir'de genel cerrahi uzmanı olarak çalışmaktadır. Yazarın; SCI-Excpanded dergi, yurtdışı uluslar arası dergi, yurtiçi dergi, yurtdışı kongre, yurtiçi kongre, uluslar arası kitap editörlüğü, uluslar arası ve yurtiçi kitaplarda bölüm yazarlığı olmak üzere 150'den fazla bilimsel eseri mevcuttur. Halen yurtdışı uluslar arası ve yurtiçi bilimsel dergilerde başeditörlük görevi ve editöryal board üyelikleri mevcuttur. Ulusal ve uluslar arası bilimsel ödüllere sahiptir. Bilgi ve tecrübelerini en son yazdığı "Lezzetten Ödün Vermeyen Diyet" kitabında paylaşmış olup kişileri zora sokmayan günlük yaşamda uygulanması mümkün olan tavsiyelerde bulunmuştur.

Facebook sayfası: Lezzetten Ödün Vermeyen Diyet:

https://www.facebook.com/Lezzetten-%C3%96d%C3%BCn-Vermeyen-Diyet-638919436248427/?fref=ts)

Bilimsel özgeçmiş sayfası:

https://www.researchgate.net/profile/Omer_Engin2

§

Önsöz

Pek çok diyet programı ve kitabı sizlere diyet listeleri vermekte bunları uygulamanızı sizlerden istemektedir. Peki siz bu listeleri uygulayabiliyor musunuz? Çalıştığınız yerde tabldot yemek servisi yapan görevliye bu listeleri verebiliyor musunuz? Dışarıda büfede veya lokantada yemek yerken garsondan sizin günlük diyet listenizi size hazırlamasını isteyebiliyor musunuz? Günlük hayatta uygulayamadığınız bu listelerin size ne faydası var? Biz size liste vermeyeceğiz. Biz sizi diyet listelerine uymak zorunda bırakmayacağız, sizin günlük yaşamda çevrenizde size sunulan yemekleri nasıl diyetinize uygun hale getirilebileceğini göstermek istiyoruz.

Kitabımızı hazırlarken hekimlik bilgilerimizi de sizlere sunmayı amaçladık. Kitabın hazırlanmasında bana yardımcı olan sevgili eşim Uzm. Dr. Candan Engin'e çok teşekkür ediyorum.

Kitabımızı olabildiğince kısa tutmayı hedefledik. Uzun yazılan kitaplar okuyucuya sıkıcı gelebiliyor ve kitap özümsenmeyebiliyor. Amacımız sizi sıkmadan gerekli bilgileri verebilmektir.

Keyifli okumalar dileğiyle,

Uz. Dr. Ömer Engin

Genel Cerrahi Uzmanı

§

* Lezzetten Ödün Vermeyen Diyet *

İçindekiler:

§

§

Giriş

Fit bir vücuda sahip olmak ideal kiloda dengeli beslenmek 1-2 aylık diyet programları ile elde edilebilecek bir durum değildir. Bu bir yaşam stilidir. Davranış ve yeme alışkanlıklarımızdaki bozukluklar bizim obez olmamızın başlıca nedenleri arasındadır. Kitabımızda davranışsal aksayan yönlerimizi vurgulayacağız.

Sağlıklı beslenme ve ideal kiloda yaşamak herkesin arzusudur. Kilo fazlalığı olanlar için birçok diyet programı tarif edilmiştir. Diyet programları genellikle bu kişilere kilo verdirir ancak bu kilo verilişi sırasında vücudumuzun dengesi bozulabilmekte ve bazı rahatsızlıklar oluşabilmektedir. Bu istenmeyen yan etkiler arasında safra kesesi taşı oluşumu, böbrek taşı oluşumu, kabızlık, vücudumuzun bağışıklık sisteminin zayıflaması sayılabilir. Önemli olan kilo verirken bu yan etkilerden korunabilmektir.

Diyet programları kilo verdirirken vücudumuza zarar vermemeli ve vücudumuzun günlük ihtiyaçlarını karşılayabilmelidir.

Bazı kişiler ise diyet programları ile başarılı bir şekilde kilo verememekte ve mide küçültme ameliyatı gibi yan etkileri ciddi olabilen ameliyatları kabul etmektedirler. Bu morbid obez hastalığı ve bunlara yönelik diyet tavsiyeleri üzerinde de açıklamalar kitabımızda sunulacaktır.

Kitabımızın ilk amacı size sizi tanıtmak farkında olmadığınız yemek yeme alışkanlıklarınız konusunda farkındalık

§

oluşturmaktır. İkinci amacı ise sağlıklı ve dengeli beslenmenizi gösterip istediğiniz ideal kiloda kalmanızı sağlamaktır. Bunu yaparken yaşamaktan zevk almanızı ve baskılamadan sizi mutlu edecek beslenme rejimini sağlamak en önemli amacımızdır.

Kitabımızda sağlıklı beslenme, vücudumuzun günlük ihtiyaçlarını belirtip diyet önerilerimizi sunacağız.

§

Vücut sistemlerini tanıyalım:

Vücudumuz sürekli çalışan bir organizmadır. Temel yapı taşı hücrelerdir. Hücreler birleşip organları, organlar birleşip sistemleri, sistemler de birleşerek vücudumuzu oluşturur. Örneğin hücreler birleşip özelleşip mide, ince barsak ve kalın barsakları oluşturarak gastrointestinal sistemi (mide-barsak sistemi) oluşturur. Hücreler özelleşip kalp ve damarları meydana getirir ve bu sisteme ise kardiyovasküler (kalp-damar) sistemi denilir. Aynı şekilde hücreler özelleşip kemikleri ve kasları oluşturur bu sisteme ise lökomotor sistem(hareket sistemi) denir. Vücudumuzdaki sistemleri şu şekilde sınıflayabiliriz:

1. Sindirim sistemi

2. Kardiyovasküler sistem

3. Hemopoetik sistem(Kan yapımı sistemi)

4. Sinir sistemi

5. Solunum sistemi

6. Ürogenital sistem

Bu sistemlerin çalışmalarını kısaca inceleyelim.

§

1. Sindirim sistemi:

Ağızdan başlar anüste sonlanır. Ağızda dişler ile alınan gıdalar çiğnenerek küçük parçalara ayrılır. Bu işlem mekanik sindirimdir. Tükrük bezlerinden salgılanan enzimler ile ağızda kimyasal sindirim başlar. Küçük parçalara ayrılan ve tükrük ile yumuşatılan gıdalar yemek borusundan geçerek mideye ulaştırılır. Yemek borusu kasılarak gıdaların mideye iletilmesine yardımcı olur. Aynı zamanda yerçekimi de yemeklerin mideye geçişinde etkili olur. Mideye gelen gıdalar mide bezlerinden salgılanan enzimler ile sindirilir. Aynı zamanda midenin kasılma hareketleri ile mide içindeki gıdalar karıştırılmış olur. Belirli bir sindirime uğramış mide içeriği oniki parmak barsağına geçer. Burada karaciğerden salgılanan safra, safra kesesi kasılması ile safra yollarından geçerek oniki parmak barsağına dökülür. Aynı zamanda pankreastan salgılanan sindirim enzimleri de oniki parmak barsağına dökülür. Buradan sonra alınan gıdalar sindirime devam edilerek ince barsağa geçer. İnce barsakta da sindirim devam eder ve emilim başlar. Emilen besinler ince barsakların toplar damarları ile önce karaciğere gelir. Burada emilen gıdalar vücuda yararlı hale getirilir zehirli maddeler inaktive edilir. Karaciğerden çıkan kan toplardamar sistemi ile karaciğerden kalbe gönderilir. Karaciğer vücutta biriken zararlı maddelerin atılımında da önemli görev almaktadır. Karaciğerde aynı zamanda pıhtılaşmada yer alan pıhtılaşma faktörlerinden bazıları da üretilmektedir. Karaciğer vücudumuzun kimya laboratuarı gibidir ve yaşamsal olarak çok önemlidir. Daha sonra barsak içeriği kalın barsağa geçer burada da su ve elektrolit

§

emilimi devam eder ve dışkı yavaş yavaş olgunlaşmaya başlar ve tuvalet ihtiyacı ile anüsten atılır.

Sindirim sistemi çalışması için enerji gerektiği gibi sindirim sisteminin enzimlerinin yapılması için proteinler de gerekmektedir. Sindirim sistemi mukozası(iç yüzeyi) sürekli yenilendiğden iç yüzey hücrelerinin yeniden yapılması için hem yağlara hem proteinlere ihtiyaç vardır. Safra yapımı için belirli bir miktar yağ alımına da ihtiyaç vardır.

2. Kardiyovasküler sistem (kalp damar sistemi)

Bu sistemde kalp kasılarak kanı pompalar. İki dolaşım sistemi vardır. Büyük dolaşımda akciğerden gelen havadan oksijeni almış ve karbondioksiti akciğerden havaya atmış kan tüm vücuda pompalanır. Kandaki oksijen organların ince kapiller damarlarına gelince taşıdığı oksijeni organa bırakır organdaki karbondioksit ve diğer atık maddeleri alarak kalbe geri gelir. Kalbe çevreden gelen kan küçük dolaşım ile akciğere pompalanır. Akciğere gelen kan ise burada taşıdığı karbondioksiti solunum ile havaya verir solunum havasındaki oksijeni alarak tekrar kalbe döner ve buradan yine büyük dolaşım ile çevre organlara pompalanır. Kalbin bu şekilde yaşamımızı devam ettirebilmemiz için düzenli olarak çalışması, damarların yüzeyinin düzgün olması gereklidir.

§

3. Hemopoetik sistem(kan yapımı sistemi):

Vücudumuzda beyaz kan hücreleri (akyuvar), kırmızı kan hücreleri (alyuvar) ve pıhtılaşmada görevli trombositler yer almaktadır.

Kırmızı kan hücreleri kemik iliğinde yapılır. Kanda oksijeni taşımakla görevlidir. Akciğerde solunum havasından aldıkları oksijeni çevre organlara taşır. Oksijen burada hem organik maddelerin sentezi(üretimi) hem de enerji elde etmek için kullanılmaktadır. Alyuvarların belirli bir ömür süresi vardır. Yaşam süresini tamamlayan alyuvarlar yıkılırlar. Bu yapım ve yıkım süreçleri sürekli olarak devam eder. Alyuvar üretimi için demir içeren gıdaların alınması gereklidir. Demir kırmızı ette bol miktarda yer almaktadır.

Akyuvarlar da kemik iliğinde ve lenf bezlerinde yapılmaktadır. Mikroplarla savaşta görev alırlar. Bu savaşta ürettikleri antikor denilen maddeler ile görev yaparlar veya direk olarak akyuvar mikrobu kendisi yok eder.

Trombositler pıhtılaşmada yer alan hücrelerdir. Pıhtılaşma mekanizması için trombositlerin kanda belirli bir sayıda yer alması gereklidir ve fonksiyon görebilmeleri gerekir. Bu trombositlerin ömrü de sınırlıdır ve yaklaşık olarak 7 gündür. Ömrü tamamlanan trombositler yıkılırlar. Bu yapım ve yıkım dinamik bir süreçtir ve sürekli olarak devam eder.

§

4. Sinir sistemi:

Sinir sistemi vücudumuzun otonom çalışmasını sağlayan bilinçli ve bilinçdışı tüm hareketlerimizi düzenleyen yönetici bir sistemdir. Ağrı, ışık, ses, koku, tat vb. bir çok duyuyu algılayıp cevap oluşturur. Nöron adı verilen hücrelerden oluşur. Canlının yaşıyor mu yoksa öldü mü kararı beyinin canlı olup olmamasına göre karar verilir. Herkesin bildiği gibi organ nakli için beyin ölümünün gerçekleşmesi gereklidir. Beyin canlılığını kaybederse insan ölmüş olarak kabul edilmektedir. Beyin enerji kullanımı için glukoza ihtiyaç gösterir. Protein ve yağ beynin sağlıklı çalışması için gereklidir.

5. Solunum sistemi

Solunum sistemi dış ortam ile temas eden dış ortamdan oksijen alıp kanda birikmiş karbondioksit gazını dış ortama veren dinamik bir yapıdan oluşur. Soluk almak ile hava burun deliklerinden girer nefes borusundan geçerek akciğer alveollerine ulaşır. Alveol küçük kesecik demektir. Alveol küçük bir hava borusuna bağlıdır. Küçük hava borusundan hava alveol içine girer. Her soluk alışta alveol genişler yüzeyi artar. Gaz değişimi olur ve hava verişte ise alveol küçülür içindeki hava küçük hava borusundan ana nefes borusuna iletilir ve burundan dışarı atılır. Alveol ve hava yollarının iç yüzeyi ıslaktır ve mukus (sümüksü bir yapı) ile yüzeyi korunmuş olur. Bu mukus tabakası akışkandır ve bu akış istikameti gırtlağa doğrudur ve miktarı çok azdır. Miktar artarsa balgam oluşur bu durum hastalıklarda görülür. Solunum sistemi yaşamımız için gereklidir ve solunum

§

yetmezliği ölüme yol açabilir. Düzgün ve sağlıklı bir çalışma için dengeli bir beslenmeye ihtiyaç duyar.

6. Ürogenital sistem :

Bu sistemde boşaltım organları ve üreme organları yer alır. Suda eriyen toksinler(zararlı maddeler) böbrekler yoluyla kandan süzülür idrar yolları ile mesaneye gelir orada bir miktar idrar biriktikten sonra idrar yapma ihtiyacımız gelir ve idrarımızı tuvalete yaparız. İdrar oluşabilmesi için böbreklerin düzenli çalışması ve yeterince su içmemiz gereklidir. Su alımımız azalınca idrar miktarı azalır ve kanda üre yükselir ve hatta idrar yolu taşları oluşabilir.

Üreme organları kadınlarda ve erkeklerde farklıdır. Her iki cinste de üreme hücreleri üretilir ve bu iki farklı hücrenin birleşimi ile yeni bir canlı oluşur. Erkek üreme hücrelerine sperm kadın üreme hücrelerine ise ovum denir. Bayanların üreme sistemini klinik önemi nedeniyle daha fazla açıklamak istiyoruz. Bayanlarda her ay adet kanaması olur. Bu kanama ile rahim iç yüzünde meydana gelen döllenmiş yumurtanın tutunup büyümesine uygun olan tabaka atılır ve yeniden yeni tabaka oluşturulur. Adet kanaması hanımlarda genellikle 3-4 gün sürer. Bu kanama ile bir miktar kan kaybedilmiş olur. Eğer dengeli bir beslenme olmaz ise hanımlarda kansızlık meydana gelebilir. Bu nedenle özellikle hanımlarda demir ile ilgili yeterli beslenme çok önemlidir.

Bu sistemlerin düzenli çalışması yeni hücrelerin meydana gelmesi için düzenli olarak enerji, yağ protein gereksinimi vardır.

§

Sistemleri kısaca açıkladık. Sistemlerin düzenli ve dengeli çalışması bizim sağlıklı ve hastalıklara karşı dirençli olmamızı sağlayacaktır. Vücudumuzda her gün eskimiş ömrünü tamamlamış hücreler yaşamını yitirip yıkıma uğrarken yerine bir çok hücre yeniden meydana getirilir. Bu eskimiş hücrelerin yıkımı için enerji gereklidir. Yeni hücrelerin meydana getirilmesi için hücre duvarı, hücrenin organelleri ve çekirdeği, zarları yeniden sentezlenir. Bu sentez sırasında yapıtaşlarına ihtiyaç vardır. Bu yapı taşları karbonhidrat yağ ve proteindir. Bunlar bir denge içinde olmalıdır. Eğer denge bozulursa fonksiyonlar olumsuz yönde etkilenebilir.

Vücudun temel ihtiyaçları:

Vücudumuzun en önemli ihtiyacı "su"dur. Susuz bir yaşam münkün değildir. Erişkinler genellikle susama duygusu ile susuzluklarını su içerek giderirler. Bazı yaşlılarda susama merkezinin yeterli çalışmaması sonucu az su içme gelişebilir. Bu duruma dikkat edilmesi gereklidir. Bu kişiler hiç susamadıklarını söylerler. Bu gibi durumlarda bir hekime başvurmaları ve kontrolden geçmeleri gerekli olabilir.

Su kaybının fazla olduğu yazın terleme ile fazla su kaybedebiliriz. Böylesi durumlarda su ve tuz kaybı dikkate alınarak tuzlu ayran veya bol sulu yiyecek veya içecekler ile kayıplar yerine konabilir.

§

İshal gibi su kaybettiren durumlarda ise tıbbi tedavi gereklidir.

Sıvı yanında elektrolitlere de ihtiyacımız vardır. Sodyum, potasyum, kalsiyum gibi. Kalsiyum özel öneme sahiptir. Kalsiyumun en büyük kaynağı süt yoğurt ve sütlü ürünler olduğu gibi kalsiyum yeşil sebzelerde de bulunmaktadır. Vücudumuzun bebeklikten erişkin olana kadar gelişim sürecinde kemiklerin büyüyüp olgunlaşması için kalsiyuma ihtiyaç vardır. Erişkinlerde de normal yaşam fonksiyonu için kalsiyum gerekli bir elementtir.

Karbonhidrat, protein ve yağlar vücudun temel yapı taşlarındandır. Dengeli olarak alınmalıdır. Zararlı diye hiç yağ almamak vücudun ihtiyaçlarının karşılanmasında yetersizlik oluşturabileceği gibi yararlı diyerek zeytinyağını bol yemek hatta ekmeği yağa batırarak yağ ekmek yemek de fazla kalori içerdiği için gereksiz kalori yükü oluşturur. Proteinden zengin diyet tarifleri kısa zamanda kilo verilmesinde başarılı olmakla birlikte metabolizmamıza yük getirebileceği için vücut dengelerinin bozulmasına da yol açabilir.

Rakam vermek gerekirse yetişkin bireyler için vücut ağırlığının her kilogramı için 1 gr protein alınmalıdır. Protein sadece et içinde bulunmaz protein sebze ve meyvelerde de bulunur. Ancak bazı aminoasitler sadece hayvansal kaynaklı olduğu için vejeteryan beslenmede bu aminoasitlerin eksikliği söz konusu olabilir. Her gıdanın içindeki proteinin vucut tarafından kullanılabilirliği farklıdır. Örneğin 100 gr et yiyince 100 gr protein alınmış olmaz.

§

Kısacası aşırı kalori içerdikleri için yağlardan zengin olmayan, protein içeren sebze ve meyveleri içeren dengeli bir diyet sizin için uygun olabilir.

Kaynaklar:

1.)http://www.diyamer.com/default.asp?ref=inner&mkod=11&sk od=11.20&title=Besin+Gruplar%FDm%FDz≠11.20_&≠9632;Be sin Gruplarımız(erişim 10.Aralık.2015)

2.) Karaağaoğlu, N., & Samur, G. E. (2013). Anne ve çocuk beslenmesi. Pegem Akademi.

3.) Ercan, P., & El, S. N. (2014). Obeziteyi Önleyen Gıda Bileşenleri. Academic Food Journal/Akademik GIDA, 12(1).

§

Diyet ve safra kesesi taşları:

Diyetimiz günlük ihtiyaçlarımızı karşılamalı, fazla kilolarımızı vermeli ve vücudumuza zarar vermemelidir. Bilinçsiz yapılan bazı diyetler safra kesesi taşlarının meydana gelmesine yol açabilir. Sonuçta ameliyat gerekebilir.

Safra kesesi taşları ile ilgili klinik belirtiler hakkında kısa bilgi vermek istiyorum. Karaciğerde üretilen safra, safra yolları vasıtasıyla safra kesesine gelir ve burada biriktirilir. Yemek yenilince safra kesesi kasılarak içindeki safrayı tekrar safra yollarına geri gönderir. Safra yolları oniki parmak barsağına açıldığı için safra buraya akıtılır ve sindirime yardımcı olur.

Safra taşları genellikle safra kesesi içinde gelişir. Ancak nadiren karaciğer içindeki ve karaciğer dışındaki safra yollarında da safra taşları gelişebilir. Safra kesesi içindeki taşlar yağlı yemeklerden sonra karnımızın sağ üst tarafında ağrı oluşturabilir. Safra kesesi taşlarına bağlı olarak safra kesesi içinde iltihap gelişebilir. Bu iltihap ilaç tedavisi ile gerileyebileceği gibi acil ameliyat bile gerektirebilir. Bazen safra kesesi taşları safra kesesi içinden safra kanalına düşebilir bu durumda ağrı oluşur ve safra kanalını tıkayabilir. Bu tıkanmaya bağlı olarak sarılık ve/veya iltihap gelişebilir. Bu durumda ERCP dediğimiz işlem ile safra kanalından taşlar çıkartılabilir. ERCP de endoskopik olarak ağızdan girilerek mideden geçilir ve oniki parmak barsağına varılır buradan safra kanalına girilip safra taşları çıkartılır. Eğer bu işlem başarısız olursa ameliyat gerekebilir.

§

Obezite safra kesesi taşı oluşumunda risk faktörleri arasında yer almaktadır. Obezitede kolesterolün karaciğerden salgılanması artmıştır. Kalorisi oldukça düşük olan diyetler ve bariatrik cerrahiyi takiben safra taşı oluşumu riski mevcuttur. Haftada 1,5kg üzerinde kilo kaybına yol açan durumlar taş oluşum riskini belirgin bir şekilde arttırmaktadır. Bazı lipit düşürücü ilaçların da safra taşı oluşumuna neden olabileceği belirtilmektedir. Bu konuda ilaç kullanırken doktor kontrolünde kullanılmasını tavsiye ediyoruz.

Kaynaklar:

1.) Çavuş B, Karaca Ç, Safra taşı hastalığı. İç hastalıkları dergisi 2013;20:151-160

2.) Tekin A. Safra kesesi taşı neden olur?

http://drahmettekin.com/safrakesesi.php (erişim 12,Aralık,2015)

§

Diyet ve pankreas iltihabı:

Pankreas vücudumuzun önemli organlarındandır. Oniki parmak barsağı ile dalak arasında yer alır. Pankreas başı oniki parmak barsağına yapışıktır pankreas kuyruğu ise dalağa komşudur. Pankreas arkasında ana atardamar ve toplardamarlar vardır. Sindirimde görev alan enzimlerin önemli bir bölümünü salgılar. Gördüğünüz gibi vücutta olan yerleşim yerinin özelliği bu organın iltihap ve kanserlerini daha önemli hale getirmektedir.

Pankreas kanseri riski 50 yaşından sonra artmaktadır. Sigara içmek, alkol almak pankreas kanser riskini arttırmaktadır. Meyve, sebze ve lifli gıdaların tüketiminin pankreas kanseri riskini azalttığı, et ve yağlı gıdaların tüketiminin ise pankreas kanseri riskini arttırdığı düşünülmektedir. Bazı klinik çalışmalar obezitenin pankreas kanseri riskini arttırdığını göstermektedir.

Pankreasın inflamasyonuna akut pankreatit denilmektedir. Türkçe olarak pankreas iltihabı diyebiliriz. Safra taşları, alkol, hiperlipidemi vb gibi nedenler ile gelişebilir. Akut pankreatit hipertrigliseridemik hastaların(kanda trigliserit yüksekliği olan hastaların) %12-35'inde görülebilmektedir.

Bu önemli organımızı tehlikelerden korumak için bu risk faktörlerimizi düşürmeliyiz. Kötü alışkanlıklarımızı terk etmeliyiz ve kan lipid düzeylerimizi kontrol ettirerek yükseklik durumunda gerekli diyet ve tıbbi tedavi almalıyız.

§

Kaynaklar:

1.) KAFES, Neslihan; DEMİRHAN, İlhan. PANKREAS KANSERİ OLUŞUMU, TANI YÖNTEMLERİ VE TEDAVİSİ.

(http://pharmacy.erciyes.edu.tr/ckfinder/userfiles/files/bitirmeler/Neslihan_Kafes_Tez.pdf) (erişim 12,Aralık,2015)

2.) KARAYALÇIN, Kaan. Pankreas Kanseri. Turkiye Klinikleri Journal of Surgery, 2001, 6.2: 41-45.

3.) Demirci, H., Polat, Z., Kantarcıoğlu, M., Öztürk, K., Sakin, Y. S., Uygun, A., & Bağcı, S. (2014). Akut Pankreatitte Atipik Prezentasyon: Normal Amilaz Düzeyi. Ankara Medical Journal. 2014, 14(Ek 1): 1 - 2

§

Zayıflamada kullanılan bitkiler:

Bazı diyet programı yapan yayıncılar veya diyet yazarları kalori harcatan gıdalardan baharatlardan söz etmekte ve bunları yeni bir buluş gibi ve çok faydalı gibi çevrelerine anlatmaktadırlar. Bu yiyecekler evet kalori harcatmaktadır ama bu kalori nasıl harcanıyor ve sağlığımız üzerine olumsuz etkileri nelerdir? Bu bölümde sizlere bu yiyeceklerden bahsedilip etki mekanizmalarından ve sağlığımıza olan olumsuz etkilerinden bahsedilecektir.

Zayıflamada etkili bitkiler doğrudan etkili ve dolaylı etkili olarak sınıflandırılabilir. Doğrudan etkili olan bitkiler metabolizmayı uyararak yağ yakımını sağlamaktadırlar. Bu bitkilerden en çok tanınanlar turunç, kahve, yeşil çay ve kırmızıbiber üzerinde açıklamalarda bulunacağız. Turunç meyvesin vücudumuzda sempatik sistemi uyarıcı maddeler içermektedir. Kahve kafein içeriği nedeniyle kilo kaybına yol açan bitkiler arasında yer alır ancak kafein de sempatik sistemi uyararak etki etmektedir. Yeşil çay kafeinin yanı sıra diğer uyarıcı maddeleri de içerir. Kırmızıbibere yakıcı tadı veren maddeler böbrek üstü bezinden katekolamin salınımını uyarıp sempatik sistem uyarısını arttırmaktadır. Dolaylı yoldan etkili bitkiler ise idrar söktürücüler, ishal papan bitkiler olabilir Bu konuda detaylı bilimsel bilgiler Mustafa Arslan ve Nilüfer Orhan'ın birlikte hazırladıkları "Obezite tedavisine yardımcı olarak kullanılan doğal ürünler" başlıklı makalede yer almaktadır.

§

Biz hekim olarak bu bitkiler üzerine yorum yapmak istiyoruz. Vücudumuzda sempatik sistem ve parasempatik sistem mevcuttur. Sempatik ve parasempatik sistem vücudumuzda denge halindedir. Stres anında sempatik sistem baskın olarak kalp hızını arttırır tansiyonu yükseltir. Parasempatik sistem ise daha çok dinlenme halinde aktiftir. Zayıflama amacı ile sempatik sistemi uyaran bitkilerin kullanımı kalbimize aşırı yük getirebilir kalp hızı artıp tansiyonumuz yükselebilir hatta kalbimizde ritim bozukluğuna yol açabilir. İdrar söktürücü bitkilerin kullanımı idrar miktarını arttırıp vücudumuzdaki suyu azalttığı için yalancı zayıflama ile bizi kandırır. Bu idrar söktürücüler aynı zamanda vücudumuzda elektrolit denge bozukluğuna da yol açabilir. İshal yapıcı bitkiler ise ishal yapıp gıdaların emilimini azaltıp yalancı kilo kaybı oluşturup bizim kilo verdiğimizi sandırabilir bu bitkiler de vucudumuzun beslenme dengesini bozup elektrolit dengesizliğine yol açabilir. Kısacası şunu söylemek istiyoruz. Fazla yemek yiyip bunları vücudumuza zarar verebilecek bitkiler ile kilo kaybetmeyi denemektense niçin az ve dengeli yemeyi tercih etmiyoruz? Böylece dengeli beslenip vücut dengelerimizi de korumuş oluruz.

Kaynaklar:

1.) ASLAN, Mustafa; ORHAN, Uzm Ecz Nilüfer. Obezite Tedavisine Yardımcı Olarak Kullanılan Doğal Ürünler. *Diyabet ve Obezite*, 2010, 91.

2.)
http://edakom.net/images/upld2/basin/r4U20100714161757mised_2010_mayis s.pdf#page=93 (erişim 13,11,2015)

§

Bariatrik cerrahi ve sonuçları:

Bariatrik cerrahi, obezite cerrahisidir. Obezite cerrahisi açık ameliyat ve kapalı (laparoskopik) ameliyat şeklinde yapılmaktadır. Günümüzde artan teknolojik gelişmeler ile genellikle kapalı ameliyat şeklinde uygulanmaktadır. Her kapalı ameliyatta olduğu gibi herhangi bir problem gelişirse açık ameliyata geçilebilir.

Obezite cerrahisinde değişik ameliyat tipleri vardır. Bugün en popüler olan tüp mide (sleeve gastrectomy) ameliyatıdır.

Tüp mide ameliyatından kısaca bahsetmek istiyoruz. Bu ameliyat genel anestezi altında yapılmaktadır. Karın boşluğu önce gaz ile şişirilip karın duvarından küçük açılan deliklerden karın içine girilerek ameliyata başlanır. Bu deliklerin birinden ışıklı kamera sistemi girilir ve büyük ekrandan ameliyat izlenerek yapılır. Diğer deliklerden ise ameliyat yapılmasında kullanılan aletler sokulur. Mide bildiğiniz gibi yemek borusundan başlar ve oniki parmak barsağında sonlanır. Mide tüp şeklinde bırakılarak sol taraftaki kenar kesilir.

Midenin kesilip dikilmesinde stapler denilen otomatik dikiş ve kesme işlemlerini yapan cihazlar kullanılır. Bu dikiş koyan aletlerin çeşitli formları vardır. Kullanılan cihaz ne olursa olsun mide dikişleri tamamlanınca cerrah dikiş yerlerini kontrol eder ve gerekli görürse dikiş hattına ek dikişler koyabilir. Ameliyat büyük ameliyat sınıfında yer almaktadır. Obezitenin kendisi bir

§

hastalık olduğu için ve bu kişilerde kalp ve akciğer problemleri de bulunabileceği için bazı hastalarda ameliyat sonu problemler yaşanabilir. Ameliyat sonunda görülebilen majör problemler arasında kanama ve dikiş tutmaması görülebilir. Kanama tıbbi tedavi ile durabileceği gibi kanamayı durdurmak için tekrar ameliyat gerekebilir. Dikiş tutmaması gibi durumlarda bu açıklıktan mide içeriğinde bulunan mide suyu ve mikroorganizmalar karın boşluğuna geçer. Bu durum da tıbbi tedavi veya tekrar ameliyat gerektirebilir. Buna karar verirken bu dikiş tutmama bölgesinin büyük veya küçük olması, hastanın genel durumu, karın içine geçen sıvı miktarı vb gibi durumlara göre karar verilir. Kısacası her bir bireyin sağlık durumu ve yandaş hastalıkları vs farklı olduğu için eğer ameliyat olmaya karar verirseniz ameliyat öncesi doktorunuz ile detaylı olarak ameliyat hakkında ve riskleri hakkında konuşunuz. Detaylı bilgi alınız. Ameliyat sonrası dönemde herhangi bir problem ile karşılaşırsanız doktorunuza danışınız.

Ameliyat ile mide hacmi küçültülmüş olduğu için hasta fazla yemek yiyemez. Az yemek yediği için hastanın aldığı kalori de azalmış olacaktır. Az kalori alımına bağlı olarak hastaları memnun edici kilo verme elde edilmiş olur. Hızlı kilo vermeye bağlı gelişebilecek safra taşları oluşum riskini azaltmak için doktor tarafından ilaçlar başlanabilir. Bazı hastalar eski alışkanlıklarını devam ettirir ise tekrar kilo alımı gerçekleşebilir. Eğer hastalar çikolata pasta gibi yüksek kalorili ve kolaylıkla sıvı hale geçebilen gıdaları sık sık alırlar ise bu obezite ameliyatı olmalarına rağmen tekrar kilo almalarına neden olabilir. Bu

§

nedenle ameliyat olanlar da diyetlerine dikkat etmek zorundadırlar.

Gıdalar ve reflü:

Reflü midedeki içeriğin yemek borusuna gelmesidir. Normal şartlarda yemek borusundan mideye gelen gıdalar sindirim işleminden sonra oniki parmak barsağına geçer. Günde birkaç kez mide içeriği yemek borusuna geçebilir ve herhangi bir şikayet oluşturmaz. Buna fizyolojik reflü denir. Reflü hastalığı oluşabilmesi için bu reflü sayısının belirgin bir sayıya ulaşması ve hastada şikayete yol açması gereklidir. Hastalardaki en belirgin şikayet göğüste, yemek borusu hizasında yanma hissidir. Eğer reflü sırasında mideden yemek borusuna gelen içerik yukarı ağza kadar gelirse gırtlaktaki ses tellerini de tahriş edebilir ve bu tahrişe bağlı ses kısıklığı ve gece yatağa yatınca gece öksürükleri de görülebilir.

Reflü olarak yemek borusuna neler gelir? Yemek sırasında yediğimiz ne varsa reflü olarak yemek borusuna gelebilir. Burada esas tahrişi yapan ise mide asididir. Mide asiti yemek borusuna reflü olduğunda burada tahrişe bağlı olarak yanma duygusunu oluşturur.

Safra karaciğerde üretilir ve oniki parmak barsağına akıtılır ve gıdaların sindirimine yol açar. Mideden sonra oniki parmak barsağı ve sonra da ince barsak gelir. Bu safra bazen geriye reflü olarak oniki parmak barsağından mideye geçer. Mideye geçen

§

safra yemek borusuna da reflü olabilir ve safra da yemek borusunda tahrişe yol açar.

Reflü sonucu yemek borusu alt kısmında tahriş olur. Bu tahriş yemek borusu iç yüzeyinde zaman içinde ülsere benzer yaralar oluşturabilir ve bu da tedavi edilmez ise nadiren kansere yol açabilir. Bu nedenle reflünün tedavi edilmesi gereklidir. Bunun için doktora başvurmak gereklidir.

Yemek borusundan geçen mideye giren gıdaların geriye doğru reflü olmasını engelleyen anatomik yapı mevcuttur. Bu anatomik yapı bozulduğu zaman reflü gelişmektedir. Ayrıca bazı yiyecekler içecekler bu yapıda görevli kasların fonksiyonlarını bozup reflüye yol açmaktadır. Bu fonksiyon bozukluğu belirli bir süre devam edebilir hatta sabah yediğiniz yiyecek akşama kadar reflü olmasına neden olabilir.

Asitli içecekler, mayalı hamurdan yapılan unlu mamüller (poğaça, vb), bazı baharatlar, çikolata, yağ oranı yüksek yiyecekler, burada sayılabilir. Bazı yiyecek ve içecekler de koruyucu içermez yazmasına rağmen içinde mikropların üremesini engellemek için limon asiti içerebilir. Limon asiti koruyucu sınıfına sokulmadığı için gıda etiketinde koruyucu içermez yazmaktadır. Limon asiti belirli bir değer üzerinde yemek borusundaki kas fonksiyonunu etkilediği için reflüye yol açabilmektedir. Bu gıdaların hangilerinin yaşamınızda reflüye yol açtığını tecrübe etmişsinizdir. Eğer reflünüz oluyorsa bu gıdalardan uzak durmanızı tavsiye edebiliriz.

§

Aşırı yemek yemek ve midenin aşırı doldurulması da reflüye yol açabilmektedir. Aşırı şekilde midenin doldurulmasından da kaçınılmasını tesviye ediyoruz.

Kaynaklar:

1.) KÜRKLÜ, Nilgün SEREMET; KANER, Gülşah. Gastroözofageal Reflü Hastalığında Beslenmeye Güncel Bakış. güncel gastroenteroloji 19/3

2.) Ayık, S. Ö., & Erdinç, M. (2003). Gastroözofageal reflü hastalığı ve kronik öksürük. Toraks Dergisi, 4, 191-7.

3.) KALAN, I., & YEŞİL, Y. (2010). Obezite ile ilişkili kronik hastalıklar. Diyabet ve Obezite, 78.

4.) Tunç, N., Şıkgenç, M. M., & Yakut, M. (2012). Bir bölge hastanesi gastroskopi ünitesinde tanı konulan eroziv reflü hastalığı olgularının endoskopik ve klinik özellikleri. Journal of Clinical and Experimental Investigations, 3(2).

5.) Akbulut, H., Aydoğan, Ü., Sevinçli, Ş., & Sarı, O. (2015). Birinci basamakta sık görülen bir şikâyet: Öksürük. TAF Prev Med Bull, 14(4), 333.

§

Yağ protein karbonhidrat sindirimi:

Aldığımız besinlerin sindirimini öğrenmemiz diyet programı seçimi sırasında karar vermemizde çok önemlidir. Çünkü bazı popüler diyet programları bu gıdaların sindirimi sırasında oluşan ara metabolizma dediğimiz enerji harcamaları üzerine kurulmuştur.

Alınan tüm gıdalar sahip oldukları kalorilerini vücudumuza aktaramazlar. Vücudumuzun kullanabilmesi için bu gıdaların işlemlerden geçmesi gereklidir. Bu işlemlerden sonra vücudumuzun kullanabileceği duruma gelir. Bu işlem sıralamasına ara metabolizma denir. Ara metabolizma işlemleri sırasında vücut enerji harcar. Her besin için bu ara metabolizmada harcanan enerji farklıdır. Bu yüzden bazı gıdaların % 98'inden yararalanılırken bazı gıdaların %90'ından faydalanılır.

Alınan tüm katı gıdaları yutmadan önce çiğnemek zorundayız. İyice çiğnendikten sonra yutulur. Bu çiğneme işlemi sırasında çene kaslarımız çalışır. Bu kasların çalışması için enerji gerektiğinden vücudumuz kalori kaybeder. Sıvı içecekler çiğnenmeden içildiği için bu enerji harcanmadan mideye geçebildiğinden daha az enerji harcanarak mide bölümüne geçmiş olur.

Çiğnemek vücudumuzun fizyolojik çalışma düzeni için oldukça önemlidir. Gıdaların iyice çiğnenmesi ve küçük parçalara

§

ayrılması çok önemlidir. Eğer lifli gıdalar çiğnenmeden yutulursa mide bunları sindiremeyebilir. Eğer midede sindirimde eksiklik varsa veya mide ameliyatı geçirmiş kişilerin midesi sindirim fonksiyonunu bir miktar kaybetmişse bu az çiğnenmiş gıdaların lifleri midede birleşip bir kitle oluşturabilir. Bu kitlelere tıp dilinde bezoar diyoruz. Bu bezoarlar fitobezoar ve trikobezoar olarak ikiye ayrılabilir. Bazen de bezoarlar bu ikisinin karışımından oluşabilir buna da fitotrikobezoar denir. Fitobezoar gıda liflerinden oluşur. Trikobezoar kıl veya saç liflerinden oluşur. Fitotrikobezoarda ise hem bitki lifleri hem de kıl veya saç yer almaktadır. Trikobezoar saç veya kıl yutmaya bağlı gelişebilir. Bu bezoarlar herkeste oluşabileceği gibi daha çok yukarıda söylediğimiz risk faktörlerine sahip kişilerde oluşmaktadır. Bu bezoarlar midede kaldıkları sürece midede rahatsızlık hissi uyandırabilir veya mide yüzeyini tahriş etmeye bağlı gastrit veya ülserlere yol açabilir. Eğer bunlar mideden çıkıp barsağa geçerse barsaklarda tıkanmaya yol açabilir. Barsak tıkanıklığı ise ameliyat bile gerektirebilir. Bu nedenle sağlıklı bir yaşam için yiyeceklerimizi düzgün bir şekilde çiğneyerek yutmalıyız. Çiğnemeden alelacele tıkınma derecesinde gıdaları yutmak sağlıksız bir durumdur. Eğer bu konuda şüpheleriniz varsa profesyonel yardım için doktorunuza başvurmanızı tavsiye edebiliriz.

Yutkunma sonrası lokmalarımız yutak bölümüne geçip yemek borusuna iletilir. Yemek borusu 25cm civarlarında kaslardan oluşan düz bir boru gibidir. Sindirim salgısı salgılamaz. Görevi kasılma ile lokmaları hareket ettirerek mideye iletmektir. Bu ileti sırasında yerçekiminden de faydalanılır. Bu nedenle yiyecek

§

yerken veya bir şey içerken oturarak yemek yemenizi veya içmenizi önermekteyiz. Yatarak yemek yemek veya içmek önerilmemektedir. Yemek borusu bazı durumlarda alınan içeceklerden etkilenmektedir. Kitabımız sağlıklı beslenme üzerine de yazıldığı için bazı risk faktörlerine de değinmek kitabın genel amacı içinde yer almaktadır. Alınan sıcak içecekler ve yiyecekler yemek borusunda tahrişe neden olmaktadır. Bu konuda en çok suçlanan ise sıcak çaydır. Bazı kişiler sıcak çay içerler ve bu bir alışkanlık bağımlılık düzeyindedir. Bu sıcak çayın içimi yemek borusunda tahriş-iyileşme tahriş-iyileşme tahriş-iyileşme gibi sık sık peryodlar geçirir ve sonunda yemek borusunda kanser gelişme ile sonuçlanabilir. Yemek borusu kanseri ile sıcak çay içme arasında bağlantı vardır. Sıcak çay içme alışkanlığı yemek borusu kanseri için bir risk faktörüdür. Sürekli sıcak çay içme alışkanlığınız varsa bu alışkanlığınızı bırakmanızı tavsiye ederiz. Sıcak çayınızı bir miktar soğumasını bekleyerek ve ağzınıza küçük miktar alarak ağız sıcaklığına indirdikten sonra yutmanızın daha sağlıklı olabileceği kanısındayız.

Yemek borusundan sonra gıdalar mideye gelir. Midede hem mekanik sindirim olur hem de kimyasal sindirim olur. Mide zaman zaman belirli aralıklar ile kasılarak gıdaların karışmasını sağlar. Bu sırada midede salgılanan sindirimi sağlayan mide asidi ve enzimler de kimyasal sindirime neden olur. Tüm bu mide kasılmaları ve sindirim enzimlerinin salgılanması da vücuttan enerji harcanmasına neden olur.

§

Bazı gıdalar mideya zarar verebilir. Bu risk faktörlerinden de bahsetmek istiyoruz:

Alkol mide iç yüzünde tahrişe yol açmaktadır. Bu tahriş gastriti veya ülseri olan hastalarda şikayetlerin artmasına ve hatta hastalıklarının ilerlemesine yol açmaktadır. Ayrıca alkol kullanımı mide kanseri için bir risk faktörüdür.

Tuzlu gıdalar da mide iç yüzüne (mide mukozasına) zarar verebilir. Tuzlu gıdaların tüketilmesi de mide kanseri için bir risk faktörüdür.

Tütsülenmiş gıdalar tütsülenmiş balık, tütsülenmiş peynir vb yiyeceklerin tüketimi de mide kanseri için risk faktörüdür.

Nitrozamin içeren turşular vb gıdalar da mide kanseri için risk faktörüdür.

Asitli gıdaların tüketimi de mide mukozasına olumsuz etki edebilir.

Görüldüğü gibi dengeli düzenli beslenmek yerine sahip olunan alışkanlıklar nedeniyle beslenme rotasının değişmesi hastalıklara yol açabilmektedir. Bu nedenle yemek alışkanlıklarımızı sorgulamamız ve bağımlılıklarımızdan kurtulmamız sağlığımız için önemlidir.

Mideden çıkan gıdalar oniki parmak barsağına geçer. Buraya karaciğerden gelen safra ve pankreastan gelen pankreas enzimleri

§

akar. Burada kimyasal sindirim devam eder ve gıdalar barsaktan emilebilecek küçük ve vücuda uygun daha küçük moleküllere yani küçük parçalara dönüşür. Buradan sonra emilim güçlü bir şekilde oluşur. Bu sindirim enzimlerinin salgılanması ve barsak hareketleri de vücuttan kalori harcamamıza yol açmaktadır.

Kalın barsak kanseri ile beslenme arasındaki risk faktörleri de tanımlanmıştır. İşlenmiş kırmızı et tüketimi, alkol tüketimi, karın içi yağ fazlalığı gibi nedenler kalın barsak kanseri riskini arttıran faktörler arasındadır. Bu konudaki detaylı bilgileri Springer web sayfasındaki "Colon polyps and the prevention of colorectal cancer " başlıklı kitabımızda bulabilirsiniz. Kalın barsak kanseri dünyada kadınlarda ve erkeklerde ikinci sıklıkta görülen kanser olduğu için hem kadınlarda hem de erkeklerde 50 yaşından itibaren kolonoskopi yaptırmaları tavsiye edilmektedir. Ancak risk faktörleri varlığında tarama olarak daha erken yaşta kolonoskopi yapılması tavsiye edilmektedir.

Yukarıda anlattıklarımızdan anlaşılacağı üzere alınan gıdaların sindirilerek emilmesi ve kalan posanın tuvalet ile atılması bir enerji gerektirir. Bu vücudumuzdan harcanan enerjidir. Aldığımız gıdaları kullanabilmemiz için bir enerji harcamamız gereklidir. Buraya kadar hem yağ hem protein hem de karbonhidrat sindirimi için enerji harcarız. Ancak bu 3 temel yapı taşının kimyasal sindirimi emilimi için harcanan enerji bir takım farklılıklar içerir. Şimdi bu farklılıklara değinmek istiyoruz.

Yağ sindiriminde karaciğerden salgılanan safra çok önemlidir. Yağlar safra ile karşılaşınca küçük yağ damlacıkları haline gelir.

§

Bunlar pankreastan salgılanan lipaz enzimi ile sindirime tabi tutulur. Emilim ince barsaklardan olur. 1 gr yağ yaklaşık olarak 9 Kaloridir.

Karbonhidrat sindiriminde alınan karbonhidrat ağızda çiğneme ile mekanik sindirime tabi tutulurken aynı zamanda tükrük bezlerinden salınan enzimler ile kimyasal sindirime de başlar. Mideye gelir ve oniki parmak barsağına geçince pankreas enzimlerinin salınımı ile kimyasal sindirim maksimuma ulaşır. İnce barsaklardan emilim gerçekleşir.

Protein sindiriminde aynı şekilde ağızda çiğneme ile başlar. Midede mekanik ve kimyasal sindirim devam eder ve oniki parmak barsağına gelince pankreas enzimleri ile protein sindirimi tam güç devam eder. Emilim ince barsaklarda gelişir.

Bu arada ince barsakların yaşamımız üzerindeki değeri de anlaşılmış oluyor. İnce barsaklarımız olmaz ise yaşamamız mümkün olmamaktadır. İnce barsaklarımızı ne zaman kaybederiz, ince barsaklarımızı kaybetmemizi önleyebilir miyiz? Karın duvarı fıtıklarında fıtık içine giren ince barsaklar fıtık kesesi içinden tekrar karın boşluğuna dönemezse buna fıtık boğulması denir. Bu boğulmuş fıtıkta barsakların beslenmesi bozulursa barsakların canlılığı kaybolur ve bu canlı olmayan barsak bölümünün çıkarılması gerekecektir. Bu durum kısa barsak sendromuna genellikle yol açmasa da çıkarılan barsak bölümü özellikle ince barsakların son bölümünden olursa yağ metabolizmasında bozukluklara yol açabilir. Çünkü barsaktaki safra tuzlarının emilip tekrar vücuda geri döndüğü yer ince

§

barsakların son bölümü(terminal ileum)'dür. Kısa barsak sendromu barsakların kısa kalması sonucu oluşan hastalık tablosudur. Kısa barsağa neden olan en önemli neden ince barsakları besleyen atardamarın(mezenter arter) tıkanmasıdır. Bu tıkanma genellikle bir pıhtı ile tıkanır ki bu duruma mezenter arter embolisi denir. Bu pıhtı genellikle kalpten gelir. Kalbin kanı pompalaması ile kan içindeki pıhtı dolaşıma çıkar. Pıhtı ne kadar büyük ise o kadar büyük atardamarı tıkar. Pıhtı ne kadar küçük ise o kadar küçük çaplı atardamarı tıkar. Pıhtının çapı ile tıkanan atardamarın çapı arasında yakın ilişki vardır. İnce barsakları besleyen atardamar tıkanınca ince barsaklara kan gidemez. Barsak beslenmesi bozulur ve barsak canlılığını yitirir. Aşırı derecede bir karın ağrısı gelişebilir. Cerrahi tedavi gerekebilir. Canlılığını kaybetmiş barsakların çıkarılması sonucu eğer kısa bir barsak segmenti kalırsa bu durum vücudumuzun beslenmesi için yeterli olmayabilir ve üzücü sonuçlar ile karşılaşılabilir. Bu pıhtı atma hangi durumlarda görülebilir. Kalpte aritmi varsa, pıhtılaşma mekanizmasında problemler varsa, kalp duvarı düzgün çalışmıyorsa (kalp krizi sonrası vs) gibi risk faktörlerinde görülebilir. Bazen sebebi anlaşılamadan da bu pıhtı atma görülebilir. Korunmak için hekimden profesyonel yardım alınmalıdır. %100 önleyici koruyucu bir tedavi olmamakla birlikte risk faktörlerini düşürmek mümkündür. Bu klinik durum çok sık görülmemekle birlikte akılda tutulması gereken bir durumdur. Bu durumu düşünmek hastaya yaklaşımda hayat kurtarıcı olabilir. Bu klinik durumu anlatmamızın nedeni sizleri korkutmak değil, sağlığınız konusunda bilgi sahibi olmanız ve hekiminiz ile sağlık problemlerinizi paylaşmanızdır. En çok üzüldüğümüz nokta hastalarımızın bize "bu yaşa geldim hiç

§

doktora gitmedim" diye övünmeleri ve son aşamada bizlere başvurmalarıdır.

Gıdaların sindiriminde enerji harcanmaktadır. Bu harcanan enerji karbonhidratlarda %8-10, yağlarda %2-3, proteinlerde ise %25'e kadar değişmektedir. Yani 100 Kalorilik protein ağızdan alınırsa vücuda bu proteinden 75 Kalori girer 25 kalori ise proteinin metabolik düzeye kadar sindirilmesi sırasında harcanır.

Kaynaklar:

1.) Cantekinlcr, Emine, and Hakkl Gokbcl. "Metabolik h1z ve tayini." Genel Tip Derg 8.1 (1998): 49-53.

2.) http://kadin.mynet.com/diyet/diyet/21536-metabolizmayi-hizlandirin.html
(erişim 12,12,2015)

3.) http://multiyasam.com/sindirimde-kac-kalori-harcanir/
(erişim 12,12,2015)

4,) http://www.menshealth.com.tr/kalori-nedir/
(erişim 12,12,2015)

5.) http://blog.tazemasa.com/yag-yaktiran-yiyecekler/
(erişim 12,12,2015)

§

Niçin obez olmamalıyız, obezitenin vücudumuza getirdiği riskler nelerdir?

Vücudumuzun belirli bir dinamik çalışma prensibi vardır. Kalp çevre organlara kanı pompalar. Tansiyonumuz eğer 12 cmHg ise kalp bu basıncın üzerine kasılarak kanı pompalar. Eğer kilomuzun artışı ile tansiyonumuz daha çok yükselirse kalp bu basıncı yenip kanı pompalamak için daha çok kasılmak zorunda kalacaktır. Ayrıca obezite ile vücudumuz daha fazla büyüyeceği için kalp kanı pompalamak için daha fazla zorlanacaktır. Bunu şöyle bir örnekle benzetimde bulunmak istiyorum. Örneğin bin kişilik bir küçük yerleşim yerinde şebeke suyunu pompalamak için orta güçte bir su pompası yeterli olacaktır. Ancak 10 bin kişilik bir ilçe daha büyük bir yerleşim yeridir ve burada bin kişilik yerleşim yerinin su pompası görev yapamaz su pompalaması yetersiz kalır. Vücudumuz da buna benzer. 170 cm boyunda 65 kilo olan bir şahısta kalp rahat çalışırken bu kişinin kilosu 100 kiloya çıkarsa kalp tüm vücuda kanı pompalamak için daha çok zorlanacaktır.

Obezite vücudumuzun ağırlığını arttırdığı için eklemlerimize de fazla yük binecektir. Vücudumuzu taşıyan bel omurlarına, kalça eklemlerine, diz eklemlerine ve ayak bileği eklemlerine ek yük binmektedir. Bu eklemlerde tahrişe ve eklem bozukluklarına yol açıp ileride eklem ağrılarına yol açabilir. Bu durumun iyi anlaşılabilmesi için yine bir örnekle vurgu yapmak istiyoruz. Örneğin 10 ton taşıma kapasiteli bir kamyona 15 ton yüklerseniz o kamyonun tekerlek düzeneğinde harabiyete yol açar. İnsan

§

vücudundaki mekanik düzenek de buna benzerlik gösterir. Aşırı yük eklemlerimizde harabiyete yol açabilir.

Obezite ayrıca tansiyon yüksekliği (hipertansiyon) için bir risk faktörüdür. Obezite insülin direncine yol açabilir ve tip 2 diabet (tip 2 şeker hastalığına) yol açabilir.

Abdominal obezite ile meme kanseri riski arasında ilişki olabileceği bildirilmiştir. Abdominal obezite karın ve kalça çevresinde yağ toplanmasıdır. Bu bölgelerde yağ fazlalığının meme kanseri riskini arttırabileceği bildirilmektedir. Ayrıca obezite kadınlarda yumurtalık kanser riskini arttırmaktadır. Obez kadın ve erkeklerde özellikle abdominal obeziteye sahip olanlarda kalın barsak kanseri riski de artmaktadır.

Obez kişilerde safra kesesi taşlarına daha sık rastlanır. Safra kesesi taşlarında günümüzde kabul gören tedavi ameliyattır. Ameliyat ile safra kesesinin tamamı alınmaktadır.

Görüldüğü gibi ideal kiloda olup obeziteden kaçınmak sağlığımız için mutlak gerekli bir durumdur. Obezite beraberinde vücudumuza ek riskler getirmektedir ve bu riskler kanser dahil bir çok hastalıkların gelişmesine neden olabilmektedir. Obeziteden korunmamız bir çok hastalık risklerinin azalmasını da sağlayacaktır.

Ayrıca obeziteden korunmak fiziksel görünümümüzün de düzgün görünmesine sebep olduğu için ruhsal yönden de mutlu olmamızı sağlayacaktır.

§

Kaynaklar:

1.) www.saglik.gov.tr/tr/dosya/1-36629/h/d-10-obezite-ve-kanser(erişim 11,12,2015)

2.) Engin, O., Uyar, M. E., Sunamak, O., & Ipekci, F. (2015). Colon Cancer Risk and Prevention. In Colon Polyps and the Prevention of Colorectal Cancer (pp. 233-249). Springer International Publishing.

§

Obsesif Kompulsif yeme bozukluğu:

Psikolojik problemler ve yeme alışkanlığı üzerine etkisini bu başlık altında inceleyeceğiz.

Bazı psikolojik problemler insanlarda iştahsızlık ve kusma duygularını öne çıkararak hastalık derecesinde zayıflamaya yol açarken bazı psikolojik problemler ise kilo almamıza yol açar. Biz burada kısaca kilo alımına yol açan psikolojik problemleri inceleyip çözüm yolu hakkında kısa tavsiyelerde bulunacağız.

Obsesif kompulsif bozukluklar kilo alımına yol açabilir. Obsesyon irade dışı gelen düşünce ve fikirlerdir. Kompulsiyon ise obsesyona eşlik eden tekrarlayıcı davranışlardır. Örneğin ellerimizin kirli olduğunun aklımıza sürekli gelmesi obsesyondur buna bağlı elleri sık sık sürekli aşırı bir şekilde yıkamak ise davranışa yol açan bir kompulsiyondur. Kompulsif aşırı yemek yeme kilo alınmasına yol açan psikolojik bir problemdir.

Alkol bağımlılığı, sigara bağımlılığı, internet bağımlılığı olabildiği gibi yemek yeme bağımlılığı da karşımıza çıkabilmektedir. Yeme bağımlılığı için farkına varmadan yeme, televizyonda maç izlerken olabilir. İyi hissetmek için yemek yeme ise zevk için yemek, iyi hissetmek için yemek ve stresi gidermek için yemek şeklinde olabilir. Kompulsif yemek yeme problemleri de sık karşımıza çıkabilir. Örneğin mantı yeme dürtüsünü örnek olarak verebiliriz. Mantı yemek için mantı evi aranabilir ve ısrarla oraya gidip mantı yenir. Bazı kişiler fazla

§

kilolarını korumak için yemek yerler. Kilo kaybı ile cilt gerginliği azalıp buruşmalara yol açtığı için yemek yerler veya kilo kaybını zaafiyet olarak kabul edip yemek yerler. Diğer bir durum ise kısıtlama süreci sonunda aşırı yemek yemedir. Örneğin bir diyet programı sonrası kısıtlama kalktığı için yine aşırı yemek yeme eylemidir. Tıkınırcasına yemek yeme bozukluğu ve gece yeme sendromu açıklanması gereken diğer durumlardır.

Tıkınırcasına yeme bozukluğunda belli bir süre içinde aşırı miktarda gıda alımı mevcuttur. Aç olmamasına rağmen aşırı yemek yerler ve yemek sonrası pişmanlık duyarlar. Bu durumun belirtileri 6 aylık süre içinde ortalama haftada 2 gün görülür. Gece yeme sendromunda ise sabahları iştahsızlık vardır hatta kahvaltı atlayabilirler. Ancak bu kişiler akşam yemeğinden sonra günlük alınan kalorinin %50'sini alırlar.

Yeme bağımlılığının nedenleri hakkında pek çok görüş bildirilmiştir. Genetik faktörler, duygusal düzenleyici olarak yemek yeme, çevresel etmenlerin etkisi üzerinde durulabilen konular arasındadır.

Kitabımız teşhis ve tedavi kitabı olmadığı sağlıklı yaşam ve kendimizi tanıyıp düzenli beslenme kitabı olduğu için bu psikolojik problem üzerine daha fazla ayrıntıya girmeyeceğiz. Sadece amacımız psikolojik problemlere dikkat çekmektir. Eğer bir psikolojik problem şüpheniz olursa bu konuda konunun uzmanı olan psikiatri hekimlerine problemlerinizi danışmanızı önerebiliriz.

§

Kaynaklar:

1.) Altındağ A. Obsesif kompulsif
bozukluk.http://abdurrahmanaltindag.com/obsesif-kompulsif-
bozukluk/ (erişim 8.11.2015)

2.) Şahpolat, M., Arı, M., Kokaçya, M. H., & Çöpoğlu, Ü. S.
(2014). Ödül Eksikliği
Sendromu. bagimlilikdergisi.net(http://www.bagimlilikdergisi.net
/upload/dergi/sayi/files/2014-2005.pdf erişim 8.11.2015)

3.) Şahin B.A. YEME BOZUKLUKLARI.Obezite
merkezi,Obezite bilgi merkezi.Amerikan
Hastanesi.www.obezitemerkezi.com/obezite-sss/165-yeme-
bozukluklari.html+&cd=2&hl=tr&ct=clnk&gl=tr. (erişim
8.11.2015)

4.) Çetinoğlu, C., Deveci, Y., Gülay, S., Potas, M., & Şekeroğlu,
Ş. BAĞIMLI
MIYIZ?. tip.baskent.edu.trhttp://tip.baskent.edu.tr/egitim/mezuni
yetoncesi/calismagrp/ogrsmpzsnm15/15.P1.pdf (erişim
8.11.2015)

5.) Altındağ A. Obsesif kompulsif
bozukluk.http://abdurrahmanaltindag.com/obsesif-kompulsif-
bozukluk/ (erişim 8.11.2015)

6.) Orhan, F. Ö., & Tuncel, D. (2009). Gece Yeme
Bozuklukları. Psikiyatride Güncel Yaklaşımlar, 1(2).

7.) Demet Güleç Öyekçin, Artuner Deveci Yeme Bağımlılığının
Etyolojisi .Psikiyatride Güncel Yaklaşımlar-Current Approaches
in Psychiatry 2012; 4(2):138-153 doi:10.5455/cap.20120409

§

Ailesel yanlış beslenme alışkanlıkları:

Bazı ailelerde davranışsal olarak yanlış beslenmeler gözleyebiliyoruz. Bunu siz de gözlemleyebilirsiniz. Örneğin aile bireyleri genel olarak obez ise bu o ailenin beslenme özelliklerinin ortak yansımasıdır. O aileye özgü beslenme özelliklerinden kaynaklanmaktadır. Ancak aile bireyleri ile görüşürseniz bunun kalıtsal olduğunu anne ve babanın şişman olduklarını kendilerinin de anne babaya çektiklerini söylerler ve beslenme alışkanlıklarından dolayı bu hale geldiklerini kabullenmek istemezler. Eğer detaylı sorgulama yaparsanız beslenme hatalarını bulabilirsiniz. Sorgulamaya başlarken ilk önce kızartma sever misiniz diye sorgulamaya başlayabilirsiniz. Genellikle de kızartmayı çok sevdiklerini söylerler. Ayda kaç litre yağ satın aldıklarını da sorgulayabiliriz. Ayda satın aldıkları yağ hemen hemen kişi başına bir litreden fazladır. Bu ailelerde aynı zamanda börek, mantı, kurabiye, kek, pasta, çikolata tüketiminin de fazla olduğu görülecektir.

Bazı hanımlar eşlerine ve çocuklarına hem kolay hazırlanması hem de tadını sevmelerinden dolayı kızartma yemekler hazırlamayı tercih etmektedirler. Yine bazı hanımlar da aile bireylerine yemek yedirmeyi sevmektedirler ve aile bireyleri yiyecekleri severse ve ne kadar çok yerler ise o hanımlar o kadar mutlu olmaktadırlar. Yine bazı hanımlar çocuklarının kilo almalarından da mutlu olmaktadırlar. Bu gibi durumlarda işe ilk önce yemekleri yapan hanımlardan başlanmalı, beslenme konusunda bilgilendirilmelidir.

§

İlk önce kızartmalı yemeklerden uzak durulmalıdır. Kızartmalı yemekler ya yapılmamalı veya çok daha az yapılmalıdır. Kitabımızın sonunda az kalorili yemek tariflerinde az kalorili kızartma hazırlanmasını açıklayacağız.

Hepimizin sevdiği geleneksel tatlımız baklava hemen hemen her ailede tüketilmektedir. Bazı ailelerde baklava ya evde yapılmakta ya da dışarıdan hazır olarak alınmaktadır. Baklava yağlı, hamur içeren şerbetli bir tatlıdır. Bizim önerimiz bunun az tüketilmesidir. Ya evde az miktarda yapın veya dışarıdan alıyor iseniz kilo ile değil kişi başına bir adet alın. Evde fazla olmaz ise fazla yemezsiniz ancak evde buzdolabında baklava sürekli olursa daha çok baklava yersiniz. Bunun için en iyi yöntem evde baklava olmamasıdır. Baklava yerine meyve tatlılarını tercih etmenizi önerebiliriz. Meyve tatlılarında un ve yağ yoktur ve dolayısıyla daha az kalorilidir. Meyve tatlılarının az kalorili olarak hazırlanışını yine kitabımızın sonunda açıklayacağız.

Ailenin diğer yemek yapma alışkanlıkları arasında kurabiye poğaça yapmayı ve yedirmeyi seven bir kişinin olmasıdır. Kurabiye ve poğça genellikle yüksek kalorilidir içinde bol miktarda un ve yağ içerir. Bu yiyeceklerden uzak durulmasını tavsiye etmek zorundayım. Eğer bunları çok yemek isterseniz bir taneden fazla yememenizi önerebiliriz. Bunları hazırlarken beyaz un yerine kepekli un kullanılması kalorinin azaltılmasında yardımcıdır.

Yine aile yemek özeliklerinden birisi de sofraya konan yemek çeşitlerinin çok olması sayılabilir. Örneğin sofranızda çorba

§

ardından et yemeği, zeytinyağlı birçeşit yemek, salata ve tatlı aynı anda bulunabilir. Bu kalorisi çok yüksek bir öğündür. Sofranızda 2 çeşit anayemek bulundurmamanızı tavsiye edebiliriz. Tek çeşit anayemek fazla kalori almamanız için daha iyi bir seçenek olabilir. İki çeşit yemek bulunması sizi fazla yemek yemeye zorlayabilir ve iştahınızı arttırabilir.

Salata hazırlarken salataya yağ dökülmesi geleneksel bir davranış olmakla birlikte sizin kalori yükünüzün artmasına neden olmaktadır. Salatanıza bu yağ yerine limon sıkarsanız salatanız yine lezzetli olacaktır ve yağın size yükleyeceği kaloriden uzak durmuş olursunuz.

§

Çevrenin kişi üzerindeki yeme baskısı:

Y emek sırasında genellikle yanınızda birileri olabilir. Bu kişiler anneniz babanız, eşiniz çocuklarınız gibi aile bağı olan kişiler olabilecekleri gibi iş arkadaşları, yakın arkadaşlarınız bulunabilir.

Anne ve babalar genellikle çocuklarına birşeyler yedirmeyi severler. Eğer yemek sırasında anne babanız yanınızda ise size daha fazla çorba daha fazla yemek, tabağınıza koymak isteyeceklerdir. Yemekte birşeyler artınca hadi bunu da bitir kalmasın şeklinde teklifleri olabilir. Burada iradenizi kullanmanız önemlidir. Ancak bu sırada anne ve babanızı kırmadan bunu gerçekleştirebilirsiniz. Diyet yaptığınızı kilo almak istemediğinizi onlarla paylaşmanız size yardımcı olabilir. Ancak bunu söylediğinizde diyete ihtiyacınız olmadığı şeklinde bir cevap alıp tekrar yeme ısrarı ile karşılaşabilirsiniz. Bu durumda onları kırmamak için yiyecekleri tabağınıza alıp tabakta uzun sure tutup ben doydum bunları sonra yemek istiyorum deyip tabağınızı kaldırabilirsiniz. Bu davranışınıza zamanla onlar da alışacak ve tabağınıza fazla konan yiyeceklerin sizin tarafınızdan yenmediğini gördükleri için zaman içinde sizin tabağınıza fazla yiyecek koymamayı öğreneceklerdir. Şunu unutmayınız, tabağınıza konan herşeyi yemek zorunda değilsiniz. Önemli olan tabakta olanları çevrenizdekileri kırmadan yememeyi başarmaktır.

İş yemeklerinde yeme tekniklerine dikkat etmek gereklidir. İş yemeği sırasında yemek seçimi imkanınız varsa işiniz daha kolaydır. Yemek seçiminde az kalorili yiyecekler seçme özgürlüğüne sahipsiniz demektir. Ancak bazı iş yemeklerinde standart menu ile karşılaşabilirsiniz. Bu durumda ortama uyum

§

sağlamak zorunda kalacaksınız demektir. Ancak çevrenin dikkatini çekmeden kalorinizi ayarlayabilirsiniz. Bunları sırayla incelemek istiyoruz. Ordövr tabağınız önünüze gelince yağlı yiyeceklerden az almanız sebze içeriği yüksek olanlardan daha fazla almanız yararınıza olacaktır. Çorba içerken çorbanın üzerine ekstradan yağ dökülmüş ise yağı kaşığınızla çorba kasesinin bir tarafına iterek yağsız tarafından çorbayı içmeniz kalori kısıtlamanızda size yardımcı olacaktır. Ara sıcaklar genellikle yağda kızartılmış yiyecekler olup bunlardan az almanızı tavsiye edebiliriz. Ana yemekler genellikle yağlı yemekler olup yemeğin yağını almadan yağsız yerinden yemeniz iyi olacaktır. Pilav özellikle dikkat etmeniz gereken yiyecektir. Genellikle çok yağlı yapılmaktadır. Pilavdan olabildiğince az almanızı tavsiye edebiliriz. Tatlı olarak seçim yapabilirseniz kalorisi az olan sütlü tatlılar tercih edilebilir. Ancak tercih imkanınız yoksa az porsiyon ile yetinebilirsiniz. İçecek olarak kalorisiz içecekleri tercih etmenizi tavsiye edebiliriz. Ancak bu mümkün olmuyorsa daha az kalorili içecekler tercih edilmelidir. Yüksek kalorili içecek verilirse az içmeniz size yardımcı olacaktır. Tüm bu yiyecek ve içeceklerde önünüze gelen her şeyi bitirmek zorunda olmadığınızı belirtmek istiyoruz. Verilenlerin tamamını tüketmemek bir miktar yiyecek ve içecek geride bırakmak nezaketsizlik değildir. Bu nedenle özellikle yüksek kalorili yiyecek ve içeceklerinizin bir kısmını bırakabilirsiniz bunun size sağlıklı ve nazik bir iş yemeği sunacağını düşünüyoruz.

***

Alkol ve alkollü içeceklerin sağlık açısından zararlı olduğu kabul edilen bir gerçektir. Bu nedenle kitabımızda tavsiye edilmemektedir. Ancak eğer arkadaşlar arasında bir yemek yeniyorsa ve bu arada alkol alınıyor ise ve alkol almanız

§

gerekiyor ise bu durumda ne yapmalısınız? Alkol alan kişiler genellikle beraber yemek yedikleri kişinin de alkol almasını ister. Hatta en az kendisi kadar alkol almasını ister. Kendisi kadehi bitirip tekrar kadehini doldurmak istediği zaman yanındakilerin de kadehlerini doldurmak isteyebilir ve içki tüketimini arttırıcı ısrarda bulunabilir. Bu gibi durumlarda alkolü az içmeye çalışın. Kadehinizi hızlı bir şekilde içmeyin dudaklarınızı ıslatın ve yavaş içmeye çalışın. Eğer neden yavaş içiyorsun diye size ısrarcı sorular sorulursa gece daha uzun deyip laf geçiştirici cevaplar verebilirsiniz. Bu sayede diğer arkadaşlarınız alkol alırken onlara eşlik etmiş olursunuz hem de az alkol alarak hem sağlığınızı korumuş olursunuz hem de az kalori almış olursunuz. Alkol masasındaki diğer özellik ise mezelerin son derece kalorili olmasıdır. Tabi ki mezelerin tadına bakın ancak aşırıya kaçıp vücudunuza lütfen kalori yükü bindirmeyin.

Sulu bakliyat ürünlerini genellikle severek tüketiriz. Bunlar arasında kuru fasulye, nohut, barbunya, börülce yemekleri sayılabilir. Bu yemekler sulu yemekler olup yemek suyunda yağ da mevcuttur. Eğer bu yemeklerin suyuna ekmek batırır iseniz lezzetli olur ancak hem ekmek yemiş olursunuz hem de yemeğin yağını da almış olursunuz. Bizim önerimiz bu yemekleri çatal ile yemeniz olacaktır. Çünkü çatal ile sadece yemeğin tanelerini almış olursunuz yemeğin suyunu almazsınız. Eğer kaşık kullanırsanız beraberinde kaşık içinde yağlı yemek suyunu da almış olursunuz.

Çocuklarınız ile yemek yerken çocuklar verilen yemekleri tamamen bitirmeyebilir ve önemli oranda tabaklarında yemek bırakabilirler. Ziyan olmasın bunları ben yerim derseniz hataya burada düşmüş olursunuz. Bırakın tabaklarında kalsın. Bunları siz yemeyin. Vücudunuza kalori yükü bindirmeyin. Artık yemekleri buzdolabına koyabilir ve bunları eğer isterseniz bir sonraki

§

öğünde çocuklarınıza tekrar verebilir veya siz tüketebilirsiniz. Bu durum size ekonomik kazanç da sağlayacaktır.

***

Yemek yanında içilen kalorili içecekler:

Sindirim sırasında ağızda mekanik olarak çiğneme ile gıdalar küçük parçalara ayrılır. Gıdalar mideye girdiğinde mide suyu ile hem gıdalar sindirilir hem de sulu hale getirilerek barsağa geçmesi kolaylaşır. Katı halde gıdaların barsağa geçmesi zordur ve eğer katı yani sulanmamış gıdalar barsağa geçerse hazımsızlık oluşur. Bu nedenle sıvı alımı sindirime yardımcıdır. Yemek sırasında içecek içilmesi sağlıklı bir beslenme için gereklidir. İçecek içilmeden yenilen yemeklerin hazmı güçleşmektedir. İçecek ile yemeklerin sindirimi daha kolay olmaktadır. Bu içeceklerin seçimi sizin zevkinize göre olmalıdır. Ancak bu seçimde kalori miktarını ve sindirime faydasını da gözden uzak tutmamalıdır.

Şekerli gazlı içecekler ve meyve suyu gibi şekerli içeceklerin kalorisi yüksektir. Lezzetli olmalarına rağmen vücudumuza gereksiz kalori yüklemesine ve sonuçta kilo almamıza sebep olabilirler. Meyve suları meyvelerden hazırlandığı için beslenmemize katkı sağlayabilir. Ancak koruyucu içeren meyve suları ek olarak vücudumuza kimyasal maddeler de vereceği için vücudumuz için gereksiz kimyasallar ile boğuşmamıza neden olur. Bu nedenle meyve suyu için koruyucu içermeyen veya taze sıkılmış meyve sularını tercih etmemiz daha doğru olacaktır.

Alkolün kendisi kalorili olduğu için kaloriden uzak durmak için alkollü içeceklerden de uzak durmak gerekir.

§

Kalorisiz olan günümüzde birçok sentetik içecek mevcuttur. Lezzeti tatlı olan bu içecekler kimyasal maddelerden oluşturulmuştur. Sağlıklı bir tüketim aracı olup olmadığı hakkında tartışmalar mevcuttur.

Gıdaların midede sindirimine yardımcı olmak için gazlı içecekler faydalı olmaktadır. Bu gazlı içecekler arasında kola, soda, veya gazlı su sayılabilir. Kola için çeşitli geniş açıklamalar günümüze kadar yapılmıştır. Pek çok ülkede yaygın kullanılmaktadır. Soda gazlı içecektir ve midede mekanik sindirimde yararlıdır ancak içerdiği elektrolitler yüzünden fazla alınır ise vücudumuzda yaratacağı fazla tuz alımına bağlı belirtiler görülebilir. Gazlı sular ülkemizde pek sık satışta yer almamaktadır. Bulunması güç olabilir.

Su herkesin kabul ettiği kalorisiz ve vücudumuz için olmazsa olmaz bir içecektir. Biz yemeklerde içecek tercihlerimiz arasında en çok suyu tercih ediyoruz.

Yemek yanında eğer meyve suyu içmek isterseniz bunu evinizde taze olarak koruyucusuz olarak hazırlayabilirsiniz. Kitabımızın sonunda bu meyve sularının hazırlanışını tarif edeceğiz.

Televizyon seyrederken atıştırmak. Sinemaya gidince yağlı cips yemek.

Mevcut bazı alışkanlıklarımız bize keyif verirken farkında olmadan da kilo almamıza yol açabilir. Bu alışkanlıklarımız hakkında farkındalık çok önemlidir. Bu alışkanlıklarımızdan biri de televizyon seyrederken veya sinemada film izlerken bize keyif veren atıştırma alışkanlığıdır.

§

Televizyon seyrederken çay veya kahve içerek televizyon keyfi yapmayı bir çok kişi sever. Keyifli bir akşam geçirmek için koltuğa oturulur veya uzanılır ve elde çay keyfi. Çay tek başına içilmez ise yanında bisküvi, kurabiyeler veya çerez. Çay veya kahveye konulan şeker de unutulmamalıdır. Çay veya kahveyi şekersiz içmenize bir şey demeyeceğiz. Çaya konulan şeker size gelen ek kalori yüküdür. Çayınızı veya kahvenizi şekersiz içebiliyorsanız şekersiz için ancak çayı şekerli kahveyi şekersiz içebiliyorsanız şekersiz içebildiğiniz içecekleri içmenizi tavsiye edeceğiz. Eğer şekersiz içemiyorsanız şekersiz içecekleri tercih edebilirsiniz.

Bazı beyler yine televizyonda maç seyrederken bira gibi kalorili içecekleri tercih edebilmektedir. İçtiğiniz her biranın size kalori yükü olarak geri döneceğinden emin olunuz. Kendinize şunu sorabilirsiniz. Bu birayı niçin içiyorum. Sarhoş olmak için mi yoksa biranın size vereceği damak tadı için mi? Eğer sarhoş olmak için içiyorsanız size bol kalorili bir yük geliyor. Eğer damak tadı için içiyorsanız biranızı paylaşın daha az içmiş olursunuz. Eğer kimseyle paylaşamıyorsanız küçük kutuda satılan biraları veya alkolsüz birayı tercih edebilirsiniz. Böylece hem az kalori alırsınız hem de damak tadını yaşamış olursunuz.

İçecek yanında yenilen bisküvi, kurabiye veya sinemada alınan patlamış mısır için diyeceğimiz şey de aynı: Yemeyin. Eğer illa yemek istiyorsanız bunları yanınızdakiler ile paylaşarak yiyin böylece az yemiş olursunuz. Tam bir kurabiyeyi yemek zorunda değilsiniz. Yarısını veya çeyreğini yiyebilir yemediğinizi daha sonra yemek üzere kaldırabilirsiniz.

§

Eğer televizyon seyrederken yemeden duramıyorsanız mutlaka atıştırmalık birşeyler yemek istiyorsanız kalorisi az olan yiyecekleri tercih etmenizi önerebilirim. Örneğin salatalık. Salatalığın 100 gr'ı sadece 20 kalori. Tabi ki her akşam salatalık yenmez ancak verdiğimiz listeden düşük kalorili yiyecekler seçebilirsiniz.

***

Evde yatmayıp oturmak. Otururken kaslar da çalışır.

Yorucu bir çalışma gününden sonra evimize ulaşırız. Amacımız evimizde huzurlu bir akşam geçirip yorgunluğumuzu atmamızdır. Bu konuda herkesin değişik dinlenme pozisyonları olabilir. Genelleme yapmak zor olabilir. Yemek sonrasında koltuk üzerine yatmak size oldukça keyif verici olabilir. Ancak yatmanın bize neye mal olduğunu hatırlatmak istiyoruz. Yatma bir istirahat pozisyonudur ve kaslarımız istirahat haline geçer. Kasılmazlar. Bacak kol kaslarımız ve gövde kaslarımız kasılmadan yatarız. Yatmak yerine oturur pozisyonda istirahat seçersek otururken gövde kaslarımız oturma pozisyonunu korumak için kasılacaktır. Kol ve bacak kaslarımız da oturur pozisyonuda oturma şeklimizi korumak için kasılacaktır. Kaslarımızın kasılması kalori harcadığı için günlük aldığımız kalori yükünün azaltılmasında yardımcı olacaktır. Bu nedenledir ki istirahat için kendinize rahat bir koltuk seçin ve yatmayın oturun. Bu sayede kalori harcamış olursunuz.

§

***

Evde kendi işini kendin yapmak hareket etmek başkasına iş yaptırmayıp kalori harcamak

Evde bazen eşinizden bazen anne babanızdan veya çocuklarınızdan kendinize birşeyler getirmelerini istersiniz. Annenizden su getirmesini istediğiniz zamanlar olmuştur. Eşinizden çay yapmasını getirmesini istemişsinizdir. Çocuğunuzdan bakkala gidip ekmek almasını istediğiniz oluyordur. İhtiyaçlarınızı başkalarına karşılatmak size rahatlık sağlamakta ve bu sürede keyif yapmaktasınız ama unutmayınız ki bu istekler sizi daha da hareketsiz bırakmaktadır. Bu isteklerinizi niçin siz kalkıp yerine getirmiyorsunuz!!

Örnek vermek istiyorum. İki kişi düşünün. Biri televizyon karşısında yatarken susuyor ve su getirmelerini istiyor. Su geliyor suyunu içiyor ve televizyon seyretmeye yatarak devam ediyor. Diğer kişi ise yine televizyon seyrediyor ama oturarak seyrediyor. Televizyon izlerken susuyor ve kendisi kalkıp mutfağa gidiyor bir bardak dolaptan çıkarıyor bardağa suyunu doldurup içiyor. Sonra bardağını yıkayıp kurumaya bırakıyor. Tekrar televizyon izlediği odaya geliyor ve oturuyor. Şimdi size soruyoruz bu iki örnekteki kişilerden hangisi olmak istersiniz? Eğer yatıp su isteyen kişi olmak isterseniz diyet programlarının size faydası sınırlıdır. Yeterli fayda göremeyebilirsiniz. Eğer kalkıp suyunu içen kişi olmak isterseniz yaşam stilinizi de sağlıklı yaşamaya uygun hale getirdiğiniz için diyet programlarından daha fazla yarar sağlarsınız.

§

Hareketsiz bir yaşam size fayda sağlamayacaktır. Ev içi hareket çeşitliliğinizi arttırmanızı tavsiye edebiliriz. Ev içinde sofranın kurulmasına yemek sonrası sofranızın kaldırılmasına yardımcı olabilirsiniz. Yatağınızı kendiniz toplayabilir ve çıkardığınız gecelik ve pijamalarınızı askıya asıp dolabınıza yerleştirebilirsiniz. Bu sayede yatak odanız hem düzenli görünmüş olur hem de siz kalori harcamış olursunuz. Bazı hanımların evlerinde yardımcı çalışmaktadır. Yardımcınıza mutfakta yardım etmek size hareketlilik kazandıracaktır. Günlük yaşam hareketliliğinizi arttırıp her gün fazladan 30 kalori bile yaksanız ay sonunda bu 900 kalori yapar. 900 kalori sizin bu hareket arttırmanız ile 120gr zayıflamanıza yardımcı olabilir.

İştah arttırıcı sos baharat kullanıp iştahını arttırma.

Evde yemek soslarını salata soslarını hazırladığımızı biliyorsunuz. Makarna üzerine kaşar peyniri veya diğer yağlı peynir çeşitleri, mantı üzerine yoğurt ve biberli kızarmış yağlar, patates kızartması üzerine mayonez gibi pek çok şey yazabiliriz. Bazen de marketlerde hazır satılan salata makarna sosları vardır. Bunları satın alır ve lezzet arttırıp daha güzel lezzetli bir yemek yemek için bunları kullanırız. Lezzet güzeldir hepimiz lezzetli yemekler yemek istiyoruz ancak bu lezzetli yemekler iştahımızı daha fazla arttırıp fazla yemek yememize yol açmamalıdır. Eğer bu soslar bizim fazla kalori almamıza yol açıyorsa bu duruma dur demek gerekebilir:

§

1.) Lezzet arttıran sosları kullanın ancak yediğiniz miktar sınırlı olsun fazla yemeyin.

2.) Soslarınızın kalorisini azaltabilirsiniz. Mayonez yerine diyet mayonez kullanılabilir. Makarnaya koyduğunuz kaşar peynirinin yağ oranı çok yüksektir. Bunun yerine yağ oranı daha az olan peynir çeşitlerini kullanabilirsiniz. Salataya sos olarak sadece limon sıkmak lezzetli hale getirebilir. Salataya zeytinyağı dökmek salatanın kalorisini arttıracaktır. Ancak zeytinyağsız salata olmazsa olmazınız ise zeytinyağınızı değiştirin.

Zeytinyağları sızma, riviera, rafine olarak marketlerde satılmaktadır. Zeytinyağı zeytin meyvesinin sıkılmasından elde edilir. Çekirdekten elde edilmez. Sıkılan zeytinlerden çıkan yağ sızma zeytinyağıdır. Marketlerde sızma zeytinyağı olarak satılır. Eğer sıkılan yağ işleme tabi tutulup rafine edilirse buna da rafine zeytinyağı denir ve marketlerde bu cins zeyinyağlarında rafine zeytinyağı yazar. %70-80 rafine zeytinyağı ile %20-30 sızma zeytinyağının karışımına ise riviera zeytinyağı denilir. Bu konuda teknik detaylar konusunda yayınlanmış yayınlara başvurulabilir. Sızma zeytinyağının daha fazla kokusu vardır. Zeytin toplanması ve işleme sokulması eylül sonu ekim başında başlar. Kasım aralıkta artık zeytinler olgunlaşmıştır ve büyümüştür meyve çekirdek oranında meyve daha fazladır. Bu dönemde 4-5kg zeytinden 1 litre yağ elde edilebilir. Erken dönemde zeytinler tam büyümediği için meyve eti azdır zeytinde çekirdeğin oranı daha fazladır. Bu nedenle erken hasat zeytinyağların ancak 10-15kg zeytin sıkılması ile 1 litre zeytinyağı elde edilir. Bu nedenle erken hasat zeytinyağları pahalıdır. Erken hasat sızma zeytinyağları

§

daha fazla kokuya sahiptir. Salatanızda daha az yağ ile zeytin kokusu istiyorsanız, kişiden kişiye koku ve lezzet beğenileri farklı olabileceği gibi, erken hasat sızma zeytinyağını denemenizi tavsiye edebiliriz.

Eğer sos olmadan yemekten zevk alabiliyorsanız sos kullanmamanızı ve gereksiz yere iştahınızı arttırıp kalori yükünüzü arttırmamanızı tavsiye edeceğiz. Her yiyeceğin ayrı bir tadı vardır. Karnıbaharın, lahananın kendilerine has damakta yer bulabilen güzel lezzetleri vardır. Bu lezzetleri hissetmeye ve sevmeye çalışmanızı da tavsiyelerimiz arasında sunmak istiyoruz.

***

Alışverişe tok gitmek. Eve pasta alacaksanız dilim pasta almak bütün pasta almamak.

Tatlı alacaksanız kilo ile almamak tane ile almak

Hepimiz markete gider ev ihtiyaçlarımızı alırız. Hiç farkettiniz mi açken daha fazla gıda alışverişi yaptığınızı. Genel olarak alışverişe tok karına çıkılması tavsiye edilmektedir.

Tüm dünyada olduğu gibi ülkemizde de gıdaları daha fazla satın almamız için gıda boyaları üretilmiştir. Normalde her gıdanın bir gengi vardır. Ancak gıda boyaları ile bu gıdalar boyanır ve görsel olarak daha fazla satın almamıza yol açar. Gıdalar gözümüze daha güzel görünürler. Marketlere gittiğinizde renk renk

§

şekerlemeler, renk renk pastalar görürsünüz ve renkleri size hoşgelir ve almanızı sağlar. Gıdaların kokusunu arttırıcı gıda kokuları da üretilmiştir. Ayrıca endüstriyal olarak gıdaların lezzetini arttırıcı kimyasal maddeler de üretilmiştir bu lezzet arttırıcılar ile yediğimiz yiyecekler daha lezzetli gelir.

Ya o ambalajlar! Rengarenk çikolata ambalajları, rengarenk şekerleme ambalajları. Rengarenk ilgiyi arttıracak içecek ambalajları. Paketlerin şişelerin şekilleri. Gazoz şişeleri müşteriye daha çok hoş görünebilmek için kaç kere tasarım çalışması yapıldığını biliyor musunuz?

Tüm bunların amacı sizlere daha fazla mal satabilmek. Peki siz ne yapacaksınız. Tabi ki alacaksınız. Hayatımız monoton değil. Hayattan zevk almalıyız. Onu yeme bunu yeme demiyoruz. Yiyin ama sağlığınıza zararlı şeyleri yemeyin. Gereksiz kalori alıp kendinize zarar vermeyin. Bu satış taktiklerinin sizi kandırmasına izin vermeden zevk aldığınız yiyecekleri yiyin. Satış taktiklerinin sizi kandırmasına izin vermeden bilinçli olarak alış veriş yapmanızı öneriyoruz.

Bu konuda birkaç örnek vermek istiyoruz. Markette bir pastayı çok beğendiniz ve almak istiyorsunuz. Pastanın tamamını almayın. Evde kaç kişi varsa o kadar dilim pasta alıp hem istediğiniz pastayı yemiş olursunuz hem de aşırıya kaçmamış olursunuz.

Markete gittiğinizde tulumba tatlısı almak istediniz. Diyelim 5 kişilik bir aileniz var. 5 adet tulumba tatlısı alınız. Yarım kilo, bir

§

kilo almayınız. Kişi başı bir adet tulumba tatlısı hem ihtiyacınızı görür hem de kendinizi sınırlamış olursunuz.

Meyve almaya geldiniz. Portakal, mandalina, elma...6 kişilik bir aileniz var.3 portakal, 3 elma, 3 mandalina alırsanız paylaşarak herkese bir meyve tabağı hazırlayabilirsiniz. Bu sayede az kalori ile meyveleri tatmış olursunuz.

Yoğurt ve süt seçerken kalorisi azaltılmış süt ve yoğurtları seçmeniz sizin kalori dengenizi sağlamanızda yardımcı olabilir. Yoğurdun kaymağı lezzetlidir ancak yağ oranı fazla olduğu için kaymağı yememenizi veya tadımlık bir lokma yemenizi tavsiye edeceğiz.

Kaymak mı tereyağı mı derseniz, tabi ki bunlardan uzak durmanızı taviye edeceğiz ancak tereyağında su oranı daha az yağ oranı daha fazladır, kaymakta ise yağ oranı tereyağına göre daha az, su oranı ise daha fazladır. Buna göre kaymağın kalorisi tereyağına göre daha azdır.

Peynir seçerken su oranı daha fazla olan peynir lezzetinde süt ürünlerinden labne peynir tercihleriniz arasında bulunabilir. Kaşar peynirinde ise yağ çok daha fazla olduğu için kalorisi yüksektir.

✳✳✳

Lokantalardaki sulu yemekler lezzet artsın diye ilk önce kızartılabiliyor.

§

Fast food gıda yerine sulu yemek yemeyi daha sağlıklı kabul edip lokantaya giriyorsunuz. Sipariş olarak çorba, sulu ev yemeği olarak sulu köfte ve patlıcan istiyorsunuz. Bunların daha az kalorili olduğunu kabul edip yiyorsunuz. Güzel bir davranış örneği sergilediğinizi söylemek isteriz. Ancak bazı lokanta işletmecileri sattığı yemeklerin daha lezzetli olması ve müşterilerin yemeklerin lezzetinden memnun kalmaları için bazı şeyler yapıyorlar. Çorbayı hazırlarken unu yağda kavuruyor ve çorbayı size servis etmeden önce sizin yüzünüze baka baka çorbanın üzerine bir kaşık zeytin yağı döküyor. Böylece çorba yüksek kalorili oluyor. Sulu köfteyi hazırlarken köfteleri önce yağda kızartıp sonra sulu köfte gibi yemeği pişirebiliyorlar. Aynı şekilde sulu bir patlıcan yemeğinde de patlıcanlar önce yağda kızartılabiliyor. Lokantaya gittiğinizde çorbanın üzerine yağ dökülmemesini isteyebilirsiniz. Sulu yemek siparişi verirken de yemek içindekilerin daha önce kızartılıp kızartılmadığını sorabilirsiniz. Eğer kızartılma işlemi uygulanmışsa kızartılmadan hazırlanmış bir sulu yemek siparişi verebilirsiniz.

***

Asansöre binmemek. Asansöre bineceksaniz birkaç kat sonra binmek.

Asansör kullanımı günlük hayatımızın vazgeçilmez bir parçası gibidir. Ancak asansörler hareket kısıtlılığına yol açan faktörleden de birisidir. Merdiven çıkmak, merdivenden inmek eğer sağlık açısından probleminiz yoksa kalori harcamanız için yapılması gerekenler arasındadır.

§

Eğer oturduğunuz daire birinci veya ikinci katta ise asansör kullanmamanızı tavsiye edeceğiz. Ancak daireniz onunku katta ise 10 kat merdiven çıkmak inmek size bir işkence haline döner. Böyle yüksek katlı binalarda asansör kullanmak mecbur hale gelebilir. Ancak siz asansöre zemin kattan değil birinci veya ikinci kattan binebilirsiniz. İnerken de zemin katta değil birkaç kat önce inip merdivenlerden iniş yapabilirsiniz Bu basit pratik günlük yaşam uygulamanız hem metabolizmanızın hızlanmasına hem de kalori yakmanıza yarar sağlayacaktır.

Özel oto az kullanmak. Dolmuşa bir durak sonra binmek, dolmuştan bir durak önce inmek.

Evden işyerimize gidip gelirken özel aracımızı veya toplu taşım araçlarını kullanırız. Özel aracımız rahatlık sağlar ancak yine günlük hareketlerimizi kısıtlamamıza yol açacaktır. Bazı günler özel aracınızı kullanmayıp toplu taşıma araçlarınızı kullanabilirsiniz veya özel aracınızla sabah işe giderken işyerinize 100-200 metre uzağa park edebilirsiniz geri kalan mesafeyi gidiş gelişinizde yürümüş olursunuz. Bu size günlük aktivite artışı sağlayacaktır. Aynı şekilde toplu taşıma araçlarını kullananlar da bir iki durak önce inip yürüyebilirler. Bu basit öneriler size günlük yürüyüş imkanı sağlamış olur.

***

§

Evde abur cubur bulundurmamak. Eğer canınız aburcubur isterse yarın alırım dersiniz belki yarın sabaha kadar isteğiniz geçebilir.

Aburcubur diyebileceğimiz atıştırmalık çikolata, gofret, bisküvi çeşitleri, şekerlemeler, fındık, fıstık, çekirdek çeşitleri, gibi pek çok sayabileceğimiz şeyleri fazla fazla alıp mutfağımızın bir dolabında saklayabiliyoruz. Akşam canımız sıkıldığında birşeyler yemek istediğimizde atıştırmalık dolabını açıp buradan beğenip yiyebiliyoruz. Bunları yememek ve gereksiz fazla kalori almamanız için tavsiyemiz bunları marketten almamanız ve evinizde biriktirmemenizdir. Elinizin altında sürekli aburcubur bulunmamalı. Eğer gecenin bir vakti canınız aburcubur çekerse evinizde olmadığı için yemezsiniz. Eğer gerçekten yemek istiyorsanız sabahı bekleyin ve sabah gidip marketten alabilirsiniz. Bu size bir frenleme getirebilir. Ve en önemlisi sabaha kadar beklerken sabah uyandığınızda belki de akşam istediğiniz aburcuburdan sabah vazgeçmiş olursunuz. İnanın sabah bu isteğinizin geçmiş olduğunu görmek size mutluluk verecektir.

***

Tatlı veya fazla yemek yemeden önce biraz bekleyiniz, hemen ikinci tabağı almayınız

Evinize geldiniz güzel bir yemek yediniz. Makarna çok güzeldi ama ikinci tabak makarna daha yemek istiyorsunuz. İkinci tabak makarnayı almadan önce lütfen kendinize şu soruyu sorun: Ben

§

doydum mu. Eğer doyduğunuzu düşünüyorsanız ikinci tabak makarna sizin için kalori yükünden başka bir şey olmayacaktır. Eğer doymadığınızı düşünüyorsanız bir bardak su içip 10-15 dakika bekleyiniz bu sırada doygunluk hissiniz oluşabilir.

Aynı şekilde tatlı için örnek verelim . Yemek sonrası damak tadı için bir miktar tatlı yediniz ve biraz daha tatlı istiyorsanız tekrar düşünmenizi istiyoruz.

Eğer tekrar yemek yeme dürtünüzü önleyemiyorsanız ve 2. tabak makarna veya tatlıyı alma isteğiniz kuvvetli ise bir miktar bekleyin. 10-15 dakika sonra doygunluğunuz belireceği için bu isteğiniz gerileyebilir ve ikinci tabaktan vazgeçebilirsiniz. Bu ikinci tabak size fazla gelecektir ve ikinci tabağı yemediğiniz için mutlu olacağınızı düşünüyoruz.

Günlük hayatta suya daha fazla yer verin

Günlük hayatımızda hepimiz susarız. Su içeriz.

Susama sonucu ihtiyacımızı su ile karşılarız. Ancak günlük yaşamımızda o kadar sıvı içecek var ki. Reklamları izlediğinizde soğuk içiniz, ferahlatır deyip bardak içine buz koyup buz sesi ile insanı özendiriyorlar. Bu içeceklerin tadı kokusu da cezbedici ve insan ister istemez bu içeceklere yönelebiliyor. Bazılarında da bir çok kimyasal madde var. Diyebilirsiniz ki, bunları tüm dünya içiyor içtiler de kimde ne hastalık görüldü. Biz de size şunu söyleyebiliriz: Su en doğal içecektir ve kalorisi yoktur. Seçim sizindir.

§

Bazı diyetler vucudumuzdan su kaybettirerek kilo verilmesini hedeflemektedir. Maydonoz idrar söktürücü özelliktedir. İdrar miktarını arttırarak vücuttan su atılımını sağlayarak kilo verildiğini zannettirebilir. İdrarı arttırarak vücuttan su atılımını arttırmak vücutta var olan su dengemizi bozabilir. Vücudun dengesini bozan diyetleri desteklemediğimizi belirtmek isteriz.

***

Tuz kullanmayınız. Tuz vücudumuzda su tutar.

Günlük yaşantımızda yemeklerimize tuz ekleriz. Tuz ihtiyacımız olan gerekli bir madde olduğu gibi fazlası ise hastalanmamıza neden olmaktadır. Bu nedenle aşırı tuzlu yiyeceklerden kaçınılmalıdır. Bazı kişiler tuz konusunda o kadar tuzlu yemeyi severler ki yemeğin tadına bakmadan yemeklerine tuz dökerler. Bu kişilere yemeğin tadına bakmadın ya tuzluysa diye soruyoruz bize tuzu sevdiklerini genelde belirtiyorlar. Şunu söylemek isteriz. Tuz sevilmez sadece ihtiyacımız kadar alınmalıdır. Tuzun fazlası kalbe ve böbreklere zararlıdır. Tuz yemekler ile alındığında tuz yanında su da tutacağı için vücudumuzda fazla su damarlar içinde birikmiş olur ki bu tansiyonumuzun yükselmesine yol açar. Tansiyon yüksekliği kalbimizin yorulmasına yol açar. Kalp yorgunluğu kalp yetmezliğine yol

§

açabilir. Bundan sonrasını anlatmak istemiyoruz. Kısacası tuz ihtiyacımız kadar alınmalıdır. Fazlası vücudumuza zarar verir.

Diyetimizde aldığımız fazla tuz vücudumuzda su tutacağı için ödeme yol açabilir ve tartıldığımızda yüksek kilolu görünebiliriz. Bu yüksek kilolu görünmek moralimizi de bozabilir. Bu nedenle tuzdan uzak durulmalıdır.

İhtiyacımız olan tuz nedir fazla aşırı tuz nedir tuz kısıtlamasına girmemiz gerekli midir, tuzsuz yemek mi yemeliyiz?? Bu gibi sorulara cevap verebilmek için tansiyon durumunuzun kalp durumunuzun incelenmesi gerekebilir. Tansiyon yüksekliğiniz varsa tuz kısıtlamanız gerekebilir bunun için bir hekime başvurmanız gerekecektir.

✳✳✳

Müsli yiyebilir öğünlerin kalorisini azaltabilirsiniz

Marketlerde kalorisi belirgin şekilde azaltılmış diyet bisküviler müsliler satışa sunulmaktadır. Bu firmaların birçoğu Uluslar arası saygınlığı olan üretici firmalardır. Çıkardığı ürünlerin zayıflamada kullanılabildiğini belirtmektedirler. Bu ürünlerin zayıflamada kullanılmasını tercih etmiyoruz. Onun yerine doğal ürtilmiş gıdaların kullanımını önermek durumundayız. Ancak günlük alınan kalorinin azaltılmasında mecbur kalındığında bir öğün müsli alınarak geçici bir süre için kullanılabilir. Bu gıdaların uzun süre ve gün içinde birçok öğünde kullanılması

§

kalori azalmasında yardımcı olabileceği gibi vücudun dengesiz beslenmesine de yol açabilir.

Az ye sık yiyerek mide hacminizi küçültebilirsiniz.

Mide hacmi hastalıklara ve kişiye göre değişir. Mide bulunduğu şartlara uyum sağlayan bir organımızdır.

Mide çıkışını daraltan organik bazlı hastalıklarda mide hacmi büyür. Buna en iyi örnek pilor stenozu dediğimiz durumdur. Pilor stenozunda mide çıkışı normale göre çok daralmıştır. Mide 2 katına kadar büyüyebilir. Tedaviden sonra mide küçülür ve fizyolojik boyutlarına gelir.

Aşırı hacimli yemek yiyen obez kişilerde de yeme davranışı özelliklerine göre mide büyür. Büyük mideyi doldurmak ve tokluk hissi oluşmasını sağlamak için kişi daha çok yemek yer. Sonuç fazla kalori almaktır. Alınan fazla kalori ise obezitenin devam etmesine yol açar.

Obezitenin tedavisinde herkesin bildiği gibi mide içine balon yerleştirilebilir. Bunun amacı midenin fonksiyonel boş alanını azaltmaktır. Obezite cerrahisinde de midenin büyük kısmı kesilip çıkarılmaktadır. Bu cerrahi tedavinin de amacı mideyi anatomik olarak küçültmektir.

Obez kişiler bu aşırı kilolarına birden sahip olmamıştır. Zaman içinde fazla yiyerek mide hacimlerini büyüterek bugünlerine gelmişlerdir. Bu durum kısır döngüye döner ve zayıflayamazlar.

§

Bu kısır döngüyü kırıp geriye dönüşü sağlayabilirler ve zaman içinde mide hacimlerini de küçültüp az yemek ile doyma duygusuna sahip olabilirler. Bu süreç uzun olabilir kısa zamanda midenin normal hacmine gelmesi beklenmemelidir.

Bu bölümün siz sevgili okuyucularımız tarafından çok iyi okunmasını ve çok iyi anlaşılmasını özellikle rica ediyoruz. Çünkü şimdi söyleyeceğimiz tavsiyeler midenizin zaman içinde fizyolojik olarak küçülmesinde yardımcı olacaktır.

Yemeğimizi belli bir miktar yedikten sonra doygunluk hissi oluşur ve doydum deriz ve yemeğimizi sonlandırırz. Doygunluk hissi bize mutluluk verir bildiğiniz gibi mutluluk veren endorfinler salgılanır ve karnımızı doyurunca kendimizi mutlu hissederiz. Eğer az yemek yersek yedim ama doymadım deriz ve kendimizi mutlu hissetmeyiz. Bu nedenle genellikle midemizi doldurana kadar yeriz.

Doygunluk hissi 2 türlü elde edilir.

1. Hızlı tıkınırcasına yemek yerseniz mideniz dolunca doygunluk hissi elde edersiniz.

2. Yavaş yemek yerseniz yemek başlangıcından itibaren 20-30 dakika sonra doygunluk hissi oluşmaya başlayacaktır. Bunu size bir örnekle vermek istiyoruz: Bir restorana gittiniz diyelim. İlk önce önünüze ordövr tabağı gelir. Ordövr tabağını bitirirsiniz sonra ara sıcaklar gelir onları da yersiniz. Ana yemek gecikir ve

§

doyduğunuzu hissedersiniz. Ana yemeği açlık hissetmeden tokluk duyguları ile bitirirsiniz.

İşte size en önemli tavsiyemiz: Yeme alışkanlıklarınızı değiştirmeye başlarken yemek hacminizi azaltmanıza yardımcı olmak için yemeğinizi alelacele yemeyin yavaş yiyin ve tokluk hissi uyandığı zaman yemenizi durdurun. Midenizi tıka basa doldurmayın. Bu dönemde kısa zamanda acıkma oluşabilir. Kısa zamanda acıkırsanız tekrar az bir şeyler yiyebilirsiniz. Bazı diyet programlarında sık sık az yemek yeme önerilerinin altında yatan sebep aslında mide hacmini küçültmeye yönelik tavsiyelerdir.

Mide hacmini küçültme konusunda anlaşıldığı üzere ilk tavsiyemiz yukarıda anlattığımız yemeğin yavaş yenmesi ve tokluk hissi duyulunca yemek yemenin bırakılmasıdır. Eğer bunu başaramazsanız size ikinci tavsiyemiz tabak porsiyonunun sabitlenmesi ve zaman içinde kısmen azaltılarak yemek hacminin azaltılması olacaktır. Bunu yaparken bir öğünde yediğiniz yiyecekleri tabağınıza önceden koyun ve bundan başka yemeyin. İkinci tabak yemek yemeyin. Örneğin: Köfte salata yiyeceksiniz yanında ekmek de yiyeceksiniz. Kaç köfte yiyeceğinize yemek öncesinde karar veriniz ve tabağınıza o kadar köfte alınız. Varsayalım 7 köfte 5 kaşık salata 4 dilim ekmek yemeyi göze aldınız. Bunları yiyin bunlar bittikten sonra daha fazla salata köfte veya ekmek almayın. Daha sönraki öğünlerinizde köfte sayısını 7'den 6'ya düşürün ve salatayı 5 kaşıktan 4 kaşığa düşürün. Yanında ekmek olarak 4 dilim yerine 3 dilim ekmek alın. Daha sonraki günlerde köfte sayınızı 5'e indirin ekmek dilimini ise bir dilim daha azaltarak daha az ekmek alın. Bu

§

porsiyon azaltma işleminizi yavaş ve zamana yayarak yapın. Bu azaltma işleminizi bir ay içinde tamamlayın. Bir ay sonunda köfte yemekleriniz 3 köfte 2 kaşık salata ve 1 dilim ekmek şeklinde azaltılabilir. Kısa zaman diliminde porsiyon azaltmanız sizin doygunluk hissi olmadan sofradan açlık duyguları ile kalkmanıza neden olabilir bu da sizde memnuniyetsizlik oluşturabilir. Halbuki bunu 1 ay içinde zamana bırakırsanız bu bir ay içinde porsiyon azaltmanıza mideniz de adapte olur ve bu adaptasyon döneminiz daha rahat geçebilir. Mide hacminizin küçülmesi daha az yemek ile doygunluk hissi elde etmenize yol açacaktır. Bu sayede daha az kalori alırsınız ve ideal kilonuza yaklaşmanıza yardımcı olur.

Bildiğiniz gibi pek çok kişi diyeti bıraktıktan sonra tekrar eski kilosuna gelir hatta daha fazla kilo alır. Mide hacminizin küçülmesi ve daha az yemek hacmi ile doygunluk hissi elde etmeksizin yapacağınız diyetlerin başarıya ulaşması zordur ve sizde açlık hissi uyandırıp sizi mutsuz kılabilir. O nedenle ilk bir aylık dönem sizin için çok önemlidir. Daha sonra az yemek ile doygunluk duyacağınız için yaşam stiliniz de değişeceği için bundan sonraki dönemde tekrar eski kilolarınıza dönmemenize yardımcı olacaktır.

Kaynaklar:

Geliebter, A. (2001). Stomach capacity in obese individuals. *Obesity research,9*(11), 727-728.

§

Dışarıda yediğimiz yemekleri nasıl diyet haline getirebiliriz:

Bu bölümü detaylı ve geniş örnekler ile inceleyeceğiz. Çünkü bir çok diyet programı sizlere şunu ye bunu yeme, sabah iyi kahvaltı yap öğlen yeme, protein ye gibi tavsiyelerde bulunmaktadır. Bu öneriler size uyuyor mu? Sabahları zengin bir kahvaltı yapma imkanı bulabiliyor musunuz? Çalışma hayatınızda öğlen yemeği yemeden durabiliyor musunuz? Protein diyetlerinde her zaman uygun proteinli gıdalar bulabiliyor musunuz? Bu diyetlerden hangileri sizin için gerçekleri yansıtıyor? Şunu unutmayınız sizin yaşamınıza uygun bir diyet olmadıkça size yeterli fayda sağlayamaz. Size uygun bir diyet gerçekleştirebilmemiz için gündelik yaşamda çevremizde bulunan yemekleri yerken nasıl diyetimize uygun hale getirilebileceğini açıklamak istiyoruz. Amacımız diyet yaparken sizin sıkıntıya girmemenizi sağlamaktır.

Sabah kahvaltısını öğlen yemeğini akşam yemeğini çevrede yerken, veya evde yerken diyete uygun olmayan öğünlerin nasıl bir şekilde diyetimize uygun hale getirilebileceğini sırasıyla açıklamak istiyoruz.

Sabah işe gidiyorsunuz ve kahvaltı yapmanız gerekiyor. Çalışanların en çok kullandığı kahvaltılıklar simit, poğaça, boyoz, tost, sandviç, ekmek arası konulan gıdalar. Yanında zeytin, peynir, domates, salatalık.

§

Sabah kahvaltıda genellikle ilk tercih simit olmaktadır. Simit ve yanında eğer bulabiliyorsanız bir bakdak da çay iyi gider. Şimdi düşünmenizi istiyoruz. Simitin en çok neresini seviyorsunuz. Eğer susamlı kabuk kısmını seviyorsanız simitin iç kısmını yemeyin. Ne kadar az kalori alırsanız o kadar size faydalı. Simitin iç kısmını çıkarıp yememeniz bile size kilo vermede fayda sağlayacaktır. Eğer simitin hem içini hem de susamlı dış kabuk kısmını seviyorsanız simitinizi arkadaşınızla paylaşın veya simitin yarısını yiyip kalan yarısını da gün içinde ara öğün olarak tüketebilirsiniz. Eğer simiti tek başınıza yiyorsanız bir gün simit yiyince diğer gün simit dışında daha az kalorili başka bir şey yemeye gayret etmenizi öneririz.

Diğer gün evden çıkmadan hazırlayacağınız ekmek arası peynir, diğer gün ekmek arası domates gibi. Bir gün de kepekli ekmek arası krem peynir. Simit içerdiği susamlar nedeniyle kalorisi oldukça yüksek kahvaltılıklarımız arasındadır. Simiti çok severiz ancak her gün simit poğaça yerine zaman içinde evden çıkmadan hazırlayıp yanınıza aldığınız sandviç zamanla size aynı hazzı verecektir. Ekmeğinizi kepekli ekmekten seçerseniz alacağınız kalori daha da azalacaktır. Simit benzeri diğerleri olan poğaça boyoz da yüksek kalorili yiyeceklerdir. Günlerce simit ve benzeri poğaça gibi hamurdan zengin yiyeceklerin tarafınızdan tüketilmesi tek yönlü beslenmenize yol açıp dengesiz beslenmeye yol açacaktır. Bu nedenledir ki her gün menünüzü değiştirmenizi tavsiye ederiz.

Bir gün ekmek arası akşamdan pişireceğiniz suda sert pişmiş yumurta ve peynir size diyetinizde çeşitlilik sağlayacaktır.

§

Bazı günler sabah kahvaltınızda meyve de tüketebilirsiniz. Örneğin sabah kahvaltısı olarak bir elma veya 1 muz veya armut gibi. Bazı günler ekmek arasına süreceğiniz biraz reçel de damak tadınıza keyif verecektir. Kahvaltıda sebze tüketmeye gayret ediniz. Bu sebzeler arasında marul, domates, biber, olabilir veya zeytin gibi meyveler olabilir. Örneğin kepekli ekmek arasına peynir ve bir yaprak marul size lezzetli bir kahvaltı atıştırmalığı olabilir.

Bazen de işe giderken metro istasyonundan alacağımız kekler, sandviçler olabilir. Örneğin meyveli kekler çok lezzetli gelebilir. Bunları tüketirken en çok sevdiğiniz yer meyveli bölümü ise burasını tüketin meyvesiz yeri tüketmeyin bu sizin daha az kalori almanızı sağlayacaktır. Eğer meyveli kekin her tarafını seviyorsanız simit örneğinde olduğu gibi bir parça bırakın ve bunu gün içinde ara öğün olarak tüketip açlığınızı yatıştırmada kullanabilirsiniz.

Yine ayaküstü yapılan kahvaltıda hotdog(sosisli sandviç) te yenilebilmektedir. Eğer hotdog yerseniz içeceğinizi kalorisiz seçmenizde faydalı olacaktır. Hotdogta sosisinizi bitirin ama ekmeğinizin tamamını bitirmemeniz sizin kalori kısıtlamanızda yardımcı olacaktır.

Sabah ayaküstü atıştırılan kahvaltılıklardan birisi de tosttur. Tostlar kaşar peynirli, sucuklu ve karışık olabilir. Tost yapılırken bir miktar da yağ tost ekmeğinin üzerine sürülür. Kaşar peynirinin yağ oranı diğer bazı peynirlere göre yüksektir. Ancak tostun tadını da kaşar peyniri getirmektedir. Sucuklu tostta ise

§

sucukta sarımsak da yer aldığı için sabah kahvaltısı olarak sucuklu tost yerseniz gün boyunca yanınızdakilere sarımsak kokacağınızdan dolayı sosyal sebeplerden dolayı sabah sabah sarımsaklı yiyecek tüketmemenizi tavsiye ederiz. Eğer tost yerseniz tostunuzu küçük tost olarak seçin büyük boy seçmeyin. Karışık tost kalorisi yüksek olduğu için tek çeşit olması az kalori içerdiği için daha diyettir. Örneğin kaşarlı tost isteyince içine ince bir dilim domates konabilir ve kaşarlı domatesli tost ayrı bir lezzet olabilir. Tost yapılırken tost ekmeğine daha az yağ sürülebilir. Tost yanında kalorisiz içecek yine tavsiyelerimiz arasında yer alacaktır.

Kahvaltıda nasıl olsa çalışacağım yakarım düşüncesiyle lütfen fazla yemeyiniz. Bu tavsiyelerimiz ayak üstü kahvaltı yapmak zorunda olan çalışanlar içindi.

Şimdi yine çalışanlar ancak oturup rahat kahvaltı yapanlar için biraz konuşmak istiyoruz:

Biz çalışanlar eğer kendimize kahvaltı hazırlayıp masada kahvaltı yapıyorsak bu kahvaltı ya bir kafeteryada, ya evden çıkmadan önce ailemizle birlikte veya işyerinde iş arkadaşlarımız ile birlikte olmaktadır. Bu durumları sırayla irdelemek istiyoruz.

Evde kahvaltı: Evde kahvaltı hazırlamayı siz veya ebeveyninizin hazırlaması arasında çok farklılık vardır. Eğer siz hazırlıyorsanız zeytin, peynir, ekmek(kepekli ekmek terciğimizdir), reçel, bal vs canınızın istediğinden azar azar yiyebilirsiniz. İlerideki bölümlerde detaylı anlatacağız. Burada sadece yeme

§

davranışlarımızın kontrolü konusunda bilgiler veriyoruz. Eğer kahvaltınızı bir büyüğünüz anneniz, babanız vs hazırlıyorsa size yeme konusunda baskı uyguluyorsa, onu da ye, bundan da ye konusunda sizi etkileyici sözler ile yemeniz konusunda uyarılarda bulunuyorsa ilk önce yemeniz doğrultusunda size baskı yapmamasını nazik bir şekilde onu kırmadan isteyin. Sizin nazik uyarılarınıza rağmen yemek konusundaki baskılarından vazgeçmiyorsa evde kahvaltı yapmamanızı, özgür bir şekilde diyetinizi uygulayabileceğiniz bir ortamda kahvaltı yapmanızı önerebiliriz.

***

Kafeteryada kahvaltı:

Kafeteryada açık büfe veya standart kahvaltı tabakları şeklinde kahvaltı sunumları ile karşılaşıyoruz. Genellikle zengin kahvaltı seçenekleri mevcuttur. Standart kahvaltı tabaklarında sunulan yiyecekleri arkadaşınızla paylaşmanızı tavsiye edebiliriz. 2 kişi bir kahvaltı tabağını paylaşırsanız direk olarak az kalori almış olursunuz. Eğer bu mümkün olmuyorsa yağdan fakir proteinden zengin, ve sevdiğiniz reçellerden de damak tadı için biraz alabilirsiniz.

Açık büfe kahvaltı kalori kısıtlamasında oldukça zorlanacağınız kahvaltı biçimidir. Bu açık kahvaltı için ne tavsiye edebiliriz o kadar para veriyorsunuz ve yeme diyeceğiz. Bunu diyebiliriz ancak sizin tarafınızdan ne kadar kabul görür? Tavsiyemiz az kalorili yiyecekler yemenizi tavsiye edebiliriz ancak hem az

§

yiyeceğim hem de açık büfe serbest kahvaltı için daha çok para vereceğim(?) diyorsanız açık büfe kahvaltılardan kaçınmanız daha akılcı bir davranış olacaktır.

İş yerinde kahvaltı:

İş yerinde arkadaşlarınızla yapacağınız kahvaltı kalori kısıtlamanızda daha yardımcı olabilir. Genellikle herkes sabah yanında bir şeyler getirir. Kimi arkadaşınız yanında yumurta kimi domates, bazı arkadaşlarınız peynir getirir ortada bir kahvaltı sofrası kurulur. Eğer siz yanınızda bir simit getirdiyseniz simitin yarısını arkadaşlarınıza veriniz ortadan biraz domates alınız, getirdiğiniz bir parça peynirin yarısını arkadaşınıza veriniz gibi tavsiyelerde bulunabiliriz. Bu tavsiyelerimizin amacı elinizdeki yiyeceği paylaşarak az yemenizi sağlamaktır. Bu sayede az kalori almış olursunuz.

Eğer kahvaltınızı az yaptıysanız ara öğün olarak küçük bir bardak süt veya meyve suyu veya kuru meyve(kuru kayısıdan birkaç tane veya kuru incirden bir tane ve üzerine biraz su) veya yarım meyve açlığınızı yatıştırmada yardımcı olabilir.

§

Öğlen yemeğini nasıl diyetimize uygun hale getirebiliriz?

Lokantada:

Olabildiğince az kalorili ve az hacimli öğün oluşturmanız faydalı olacaktır. Bunu nasıl oluşturabileceğimizi günlük yaşamda karşılaştığımız lokanta örnekleri üzerinden açıklamak istiyoruz.

Döner yemek için lokantaya gittiniz. Bu konuda hizmet veren çeşitli markalar mevcut. Menülerinde genellikle çorba, iskender (1; 1,5 ;2 porsiyonluk iskender tabakları), künefe, salata bulunmaktadır. O öğünde ne yemeyi en çok istiyorsunuz ilk önce buna karar verilmelidir. Eğer künefe yemeyi çok arzuluyorsanız çorba, yağsız salata ve künefe size uygun bir menü olabilir. Çorba yanında ekmek almamalısınız. Eğer iskender yemeyi arzuluyorsanız künefe yemeyin. İskenderinizi bir porsiyon seçip kalori sınırlaması kendinize yapabilirsiniz. İskender üzerine sos ve tereyağı dökmek isteyecektir garson. Eğer iskender üzerine tereyağı dökülmesini istemezseniz iskender altındaki ekmekleri yiyebilirsiniz ancak iskenderinize tereyağı döktürürseniz etin altına dizilmiş ekmekleri yememenizi tavsiye ederiz. Çünkü alttaki ekmek tereyağını emer ve ekmekleri de yerseniz bu size kalori bombası olarak dönecektir. İskender yerine adana ızgara veya ızgara köfte yediğiniz zaman da ekmek yediğiniz zamanda aynı uygulamayı yapabilirsiniz. Adana ızgara yanında ekmek yememenizi kalorisiz içecek içmenizi, eğer salata istiyorsanız yağsız salata tercih etmenizi önerebiliriz.

§

Sulu ev yemekleri yapan bir lokantaya gittiğinizde ise şuna karar verin: Ben esas olarak ne yemek istiyorum. Kızartma mı? Sulu ev yemekleri mi, et türü yemekler mi, çorba mı yoksa salata mı yemek istiyorsunuz?

Kızartma yemeklerinden yemek istiyorsanız tam porsiyon yerine yarım porsiyon seçebilirsiniz. Patlıcan kızartması size çok lezzetli gelebilir ancak kızartma sırasında en çok yağı içine çeken sebzelerden birisinin de patlıcan olduğunu unutmayınız. Alacağınız yarım porsiyon kızartmanın yanına yoğurt alabilirsiniz. Bu tabağı ekmek tüketmeden bitirebilirsiniz. Kalorisiz içecek yanında isteyebilirsiniz. Tabak dibine kızartmadan sızan yağı yememelisiniz. Ekmek bandırıp tabağın dibini sıyırmamalısınız. Kızartmanın tadına vardınız tabağı sıyırmaya gerek yok. Bu öğününüzde bu tabaktan başka bir şey yemezseniz(çorba, tatlı vs) hem lezzetini sevdiğiniz bir yemek seçiminde bulunmuş olursunuz hem de kendinizi kalori alımı konusunda sınırlamış olursunuz. Suyunuzu içip daha fazla bir şey yemeden lokantadan çıkmanızı tavsiye ederiz.

Sulu ev yemeklerinden lokanta menülerinde kuru fasulye, nohut, zeytinyağlı yemekler (pırasa, karnıbahar, lahana vs vs) olabilir. Sulu yemekleri çatal ile yemenizi önereceğiz. Çünkü yemek suyunda yemeğin yağı vardır ve eğer kaşık kullanırsanız bu yağı da yemiş olacağınız için aldığınız kalori miktarını gereksiz yere arttırmış olursunuz. Sulu ev yemekleri lezzetli besleyici özellikte yemeklerdir. Sebzenin kendi tadını hissederek tuzlamadan yerseniz daha sıhhatli olacaktır. Yemeğinizi bir porsiyonla sınırlandırmanızı yanında ikinci tabak yememenizi eğer tatlı

§

isterseniz bir porsiyon tatlıyı 3 kişi paylaşmanızı tavsiye edebiliriz.

Et türü yemekler tercihiniz olursa lokantada sulu köfte, tandır, tavuk, et haşlama, et sote gibi yemekler menüde yer alabilir. Kolesterol problemi nedeniyle kırmızı et tüketme kısıtlamanız yoksa kırmızı eti rahtalıkla tercih edebilirsiniz. Et ürünlerini seven biriyseniz her zaman aynı şekilde et tüketmemenizi zaman zaman balık, zaman zaman tavuk zaman zaman da kırmızı et yemenizi tavsiye ederiz. Bu sayede tek taraflı et tüketimi yerine çeşitlilik sağlayarak denge oluşturmuş olursunuz. Et tüketirken ekmek yememenizi illa ekmek istiyorsanız kepekli ekmeği tercih etmenizi öneririz. Bildiğiniz gibi kepekli ekmeğin kalorisi kepeksiz ekmeğe göre daha azdır. Yağda kızartılmış etlerin kalorisi içerdiği ekstra kızartma yağı nedeniyle daha fazladır. Bu nedenle suda pişmiş et yemekleri veya fırında pişmiş et yemekleri daha çok tercih edilebilir. Tabağınızdaki et aynı zamanda yağlı dokudan da parça içeriyorsa yağ tarafını kesip bu kısmı yememenizi et kısmından yemenizi kalori azaltmanız açısından taviye edilebilir. Sulu et yemeklerinde tabaktaki et suyu aynı zamanda yağ da içerdiği için yemeğin suyunu tüketmeyiniz. Tatlı tüketmeyiniz ancak illa tatlı istiyorsanız yukarıda da belirttiğimiz gibi bir porsiyon tatlıyı 3 kişi paylaşınız. Kalorisiz içecek veya ayran güzel bir tercih olabilir. Yemek sonu içilecek şekersiz çay veya kahve yemek sonu haz duygularınıza olumlu katkı sağlayabilir.

Deniz ürünleri: Deniz ürünleri sağlığımız açısından kabul görmüş yiyecekler arasındadır. Eğer sağlığınız açısından doktorunuz

§

tarafından kısıtlanmamışsa rahatlıkla tüketebilirsiniz. Ancak bunların pişirilme özellikleri kalori yüklerinde farklılıklar oluşturmaktadır. Izgara veya fırında veya buğulama şeklinde yağsız pişirilen balıkların kalorisi düşüktür yağda kızartılan balıkların kalorisi daha yüksektir. Yağda kızartılmış olan balıklardan uzak durmalısınız. Lokantalar bu balıkları gerek lezzeti artsın diye gerekse az balık daha fazla görünüp göz dolgunluğu artsın diye bunları mısır veya galeta ununa bulayıp kızartmaktadırlar. Bu sırada balık üzerindeki un da yağ çekeceği için kızartma balık çok daha fazla kalori yükü getirecektir. Bunlardan uzak durunuz ancak çok yemek istiyorsanız birkaç parçayı geçmeyecek şekilde tüketebilirsiniz örneğin bir porsiyon hamsiyi veya sardalyayı 2 kişi paylaşabilirsiniz ve bu kızartma yanında yağsız salata tercih edebilirsiniz. Balık üzerine verilen tahin helvasının çok kalorili olduğunu da lütfen unutmayınız.

Çorba esas yemek istediğiniz şey mi?: Günümüzde çorbaları ile meşhur lokantalar mevcut. Oraya gidebilirsiniz veya herhangi bir lokantaya gidip çorba içmek isteyebilirsiniz. Burada önemli olan çorbayı nasıl içmek istediğinizdir. Çorba üzerine yağlı soslar ve beraberinde ekmek yemek istiyorsanız çorba sizin ana yemeğiniz haline gelmiştir ve bundan başka bir şey yemeyiniz. Bu ana yemeğinizde yine aşırıya kaçmamanızı çorba üzerine alacağınız yağlı sosu fazla almamanızı ve ekmeği de fazla tüketmemenizi kararında yiyip kalorisiz içecekler tüketmenizi öneriyoruz.

Salata mı?: Salata tercihinizi ana yemek haline getirebilirsiniz. Lokantada hazırlanacak karışık salata üzerine bir tatlı kaşığı zeytinyağı, peynir, deniz ürünleri ve biraz salata sosları hem

§

kalorisi düşük hem de sağlıklı bir öğün haline gelecektir. Salata ile birlikte içeceğiniz gazlı kalorisiz (gazlı su gibi) içecek iyi çiğnediğiniz salatanın daha küçük parçalara ayrılmasında mekanik sindirime yardımcı olacaktır.

Fast food:

Çoğu zaman bir alışveriş merkezine girip hamburger, pizza veya lahmacun, ile öğünümüzü geçiştirmek zorunda kalırız. Bazen de caddelerdeki büfelerden ekmek arası döner veya karışık sandviç(İçinde salam sosis turşu vs olan) almak zorunda kalırız. Bu durumda neler yapabiliriz.

Alışveriş merkezleri kısaca AVM'lerdeki hazır gıda satıcıları yiyecek çeşitlerini menü olarak satışa sunmaktadır. Bu menüde yiyecek (hamburger, köfte pizza vs) yanında patates kızartması ve içecek sunmaktadır. Satıcı tezgahtar patronuna daha çok para kazandırmak için büyük boy patates veya büyük boy içecek satabilmek için size sorular sorabilir. Patates kızartması çok fazla kalori içermektedir. İçeceklerde de bir miktar şeker mevcuttur. Niçin seçiminizde sadece hamburger ve yanında su veya kalorisiz içecek tercihinde bulunmuyorsunuz? Unutmayınız menü almak zorunda değilsiniz. Normal boyutta hamburger alın menü almayın. Bir dilim pizza alın bütün pizza almayın. Eğer canınız çok papates kızartması yemek istiyorsa o zaman hamburger almayın sadece patates kızartması alın iştahınızı giderirsiniz ve papates kızartmasının çok yüksek kaloroli olduğunu düşünürseniz belki bir daha patates kızartması yemek istemeyebilirsiniz.

§

Büfelerde öğlen yemeği :

Günlük yoğun çalışma hayatımızda bazen sokak üzeri büfelerde öğlen yemeğimizi yiyebiliriz. Büfelerde öğlen yemeği çoğu zaman daha ucuza mal olabilmektedir. Genellikle menülerinde ekmek arası et veya tavuk döner bulunmaktadır. Bazen de sandviç satışı yapabilmektedirler. Bazen de çin makarnaları vs bulunabilmektedir.

Çeyrek ekmek arası döner ayran mütevazi bir öğlen yemeğiniz olabilir. İçinde temiz olduğuna inandığımız salatası, eti, ekmeği ile dengeli bir yemek diyebiliriz. Ancak yemeğinizi hazırlayan büfeci çeyrek ekmeği açıp dönerin alta akan yağına ekmeği bandırır ise bu size ek fazla gereksiz kalori verecektir. Büfecinin bu hareketine engel olunuz. Ekmeği yağa bandırmadan dönerinizi hazırlamasını isteyiniz. Eğer yarım ekmek arası döner yemek isterseniz kaloriyi azaltmak için ekmeğin içini aldırınız ve sadece ekmek kabuğu olacak şekilde yarım ekmek arası döner yaptırabilirsiniz ve bunun yanında kalorisiz bir içecek doğru bir tercih olacaktır.

Büfelerden çin makarnası da zaman zaman alınabilecek öğlen yemeği olabilir. Bu makarnalar lezzetli ve çok yağlı olabilir hem karbonhidrat hem yağ içermesi kalori bombası haline getirebilir. Bu nedenle az yağlı isteyiniz ve çok miktarda yememenizi önermekteyiz.

Ekmek arası sandviçler hazırlanırken sosis salam ve sucuk kızartılarak ve sandviç ekmeği de kızartma tavasında baskı ile

§

yağda kızartılarak hazırlanbilir. Kalorisi yüksek olduğu için ekmeğin yağda kızartılmadan hazırlanmasını ve küçük boyutta sandviç yenilmesini yanında kalorisiz içecek tüketilmesini tavsiye edebiliriz.

Soğuk sandviçler diyetinize daha uygun olabilir Bunlar hazırlanırken yağ sürülmemesine özen gösteriniz. Sandviç içinde peynir, domates biber gibi sebze olması dengeli bir yiyecek özelliği kazanmasına yardımcı olur.

İş yerinde yenilen öğlen yemeği:

Bazen iş yeri çalışanları 3-5 kişi birleşip iş yerindeki öğlen tatilinde ortak yemek hazırlayabiliyorlar. Bu erkekler arasında nadir görülür genellikle bayanlar arasında sık görülebilmektedir. Bu yemekler arasında en sık karşılaştığımız kısır, menemen, makarna sayılabilir.

Kısır yapımında bulgur sıcak suda haşlanarak yapılır. İçine yağ konularak olgunlaştırılır. Yüksek kalorili bir yiyecektir. Yemeğinizin kalorisini azaltmak için içine sebzeyi bol koymanızı önerebiliriz. Salatalık kalorisi çok düşük olduğu için kısırın kalorisini azaltmak için içine istediğiniz kadar koyup marul ile yiyebilirsiniz. Kısırı az, sebzesi bol bir öğün dileriz.

Menemen hazırlanırken de bol yağ ile yapılmaması size fayda sağlayacaktır. Menemende yumurta sayısının daha az olması, domates ve biberin daha fazla olması hazırladığınız menemenin kalorisinin daha az olmasını sağlayacaktır.

§

Makarna yapılırken de bazı kişiler makarnayı önce yağda kavurup sonra suda haşlamaktadır. Bu kavurma işlemini yapmamanızı makarnanızı direk suda haşlayıp su içine de az yağ koymanızı tavsiye edebiliriz.

Evden getirilenler

Bazı kişiler zamanları olmadığı için dışarı çıkıp yemek yiyememekte ve evinden hazırladığı gıdaları getirip öğlen yiyebilmektedir. Bunlar genellikle soğuk sandviç şeklinde olmaktadır. Burada değinmek istediğimiz konu sabah getirip yiyeceğiniz öğlene kadar beklediği için evden getirdiklerinizin bozulmamasına özen gösteriniz. Eğer yiyeceğiniz bozulursa ishal gibi şikayetlere yol açabilir. Bu nedenle getirdiğiniz yiyeceklerinizi buzdolabında muhafaza etmenizi önerebiliriz. Bu yiyecekler ekmek arası hazırlanmış peynirli sandviçler domates vb olabilir. Bunları hazırlarken ekmeğin kepekli olması daha az kalori alınmasına yol açabilir. Zeytin eğer yağlı ise yüksek kalorilidir. Zeytin ağırlıklı olmayan domates, biber salatalık gibi kalorisi düşük sebze ağırlıklı sandviçler kalori dengenizi korumada size yardımcı olabilir.

***

İş yerinde hazırlanan tabldot yemekler:

Büyük işyerleri çalışanlarına anlaştığı bir yemek şirketi ile tabldot yemek vermektedir. Bu işyerleri hastaneler, fabrikalar, öğrenci yurtları, olabilir. Bu toplu yemek üretiminde kalori

§

hesabı yapılır. Ve size o öğünde ne kadar kalorilik yemek verileceği hesaplanır ve ona göre yemek hazırlanır. Örneğin öğlen yemeğinin kalorisi 900 kalori ise sizin ise öğlen yemeğinde 600 kalori almanız gerekiyorsa işyerinin size verdiği standart yemek kilo almanıza yol açar. Bu nedenle öğlen size verilen yemeği siz diyetinize uygun hale getirmelisiniz. Bunu aşağıdaki örnekler ile açıklamaya çalışacağız.

Günlük menülerde sıklıkla çorba, yardımcı yemek olarak pirinç pilavı, bulgur pilavı makarna, ana yemek olarak sulu yemek veya kızartma, bazen salata ve tatlı çıkmaktadır. Bu yemek yanında ekmek verilmektedir. Ayrıca salayata veya çorbaya dökülmesi için self servis yemek dağıtım yerinde soslar ve yağlar bulunabilmektedir. İlkönce yapmanız gereken size verilen yemekleri tanımanız ve değerlendirmeniz olacaktır. Çorbanın üzerinde yağ ne kadar var. Pilavı veya makarnayı yedikten sonra tabakta ne kadar yağ kalmış. Verilen sulu yemeklerde yemek suyunudaki yağ ne kadar? Kızartma yemekler hangi sıklıkta size sunuluyor. Verilen tatlılar sütlü tatlı mı yoksa şerbetli yağlı tatlı mı? Çorba üzerinde eğer yağ varsa bu yağlı kısmı kaşığınızla sıyırıp atmanız gereksiz fazla kalori almanızı önleyecektir. Pilav yedikten sonra tabağınızda bol yağ kalıyorsa bu pilavın kalorisi ekstra taşıdığı yağ nedeniyle yüksektir. Bu pilavdan uzak durmanızı pilavınızın tamamını yememenizi birkaç kaşık aldıktan sonra bırakmanızı tavsiye ederiz. Sulu yemeklerde de yemek suyunda bol yağ varsa bu yağı yememek için kaşık yerine çatal kullanmanızı önerebiliriz. Kızartma çıktığı zaman kızartmanın en fazla yarısını yiyebilirsiniz. Salata verildiğinde salatanıza sos ve yağ dökmeden yiyebilirsiniz. Tatlı olarak sütlü tatlıların kalorisi

§

daha az, yağda kızartılmış şerbetli tatlıların (tulumba tatlısı gibi) kalorisi daha fazladır. Tulumba tatlısı yemeğinizde verilmişse bir tane şerbetini sıyırarak yiyebilirsiniz. Ekmek yememenizi diliyoruz ancak kepekli ekmek varsa yarım dilim yiyebilirsiniz.

Örnek iş yeri yemeğini diyet haline getirmek:

Aşağıda 2 fotoğraf verilmiştir. İlk fotoğraftaki yemekte ne yiyecğimize karar veriyoruz. Köfte yemeyi tercih edersek yemek suyunu ve yanındakileri bırakırsak istediğimizi yemiş oluruz ve istemediğimiz şeyleri yemeyerek gereksiz fazla kalori almamış oluruz.

Yemeğin ilk fotoğrafı.

§

İstediğimizi yedikten sonraki kalanlar.

§

Akşam yemeğini diyet haline nasıl getirebiliriz?

Akşam yemeklerini bazı aileler dışarıda yiyebilirler. Bu durumda yukarıdaki önerilerimizi tekrarlamak istiyoruz. Çoğunlukla akşam yemeklerini evde hazırladığımız yiyecekler ile yaparız. Bu bölümde bu konuyu tartışacağız.

Akşam yemeklerimizi ilk önce bir şölen havasından çıkarıp sağlıklı ve ihtiyaç kadar yemek yenileceği bir durum olduğunu kabullenmemiz ile işe başlayalım. Yok yok sofrası yerine az az sofrası oluşturma gayretine girmemiz daha sağlıklı olacaktır.

Akşam yemeklerinde isteğe göre çorba, yemek, salata, tatlı aşamaları olabilir.

Çorba hazırlarken unu veya sebzeleri yağda kavurup üzerine diğer malzemeleri koyup çorbayı hazırlama eğilimi mevcuttur. Bu başlangıç aşamasında olan yağda kavurma işleminden özellikle kaçınmanızı ve çok az yağlı sebze çorbaları hazırlamanızı öneriyoruz. Çorbanızın üzerine de biber yakılmış yağ sosu dökmeyiniz. Sade az kalorili sebze çorbası bir kase içilebilir.

Çorbadan sonra ana yemekte ne yapacaksınız? Genellikle 3 seçeneğiniz var et, balık veya sebze yemeği.

Et yemeğinizi suda haşlama olarak yerseniz etin yağı yemeğin suyuna geçeceği için kalorisi düşürülmüş olur. Kasaptan aldığınız

§

etin de yağsız olmasına dikkat ediniz. Kıymalı yemek (kıymalı lahana, kıymalı karnabahar) yapacaksanız yağsız kıyma almalısınız. Ancak köfte yapacaksanız çok az yağlı kıyma alabilirsiniz.

Parça etlerden oluşan yemeğinizi etleri yağda kızartarak yaparsanız hem et yersiniz hem de yanında gereksiz olarak yağ almış olursunuz. Bu nedenledir ki et yemeklerinizi ya fırında ya da suda yapmanızı tavsiye edeceğiz. Aynı şekilde köfte yaparken de fırın köfte tercihiniz olmalı. Sulu köftede de köftenin yağı suya geçeceği için yemeğin suyunu içmediğiniz takdirde diyetinize uygun olabilir. Bu konu da yemek tarifleri kitabımızın sonunda yer almaktadır.

Balık da pişirirken hamsi buğulama ve hamsi tava arasındaki farkı düşünmenizi istiyoruz. Şu soruyu kendinize sorun. Ben hamsi mi yemek istiyorum yoksa yağda kızartılmış yiyecek mi? Eğer hamsi yemek istiyorsanız fırında hamsi buğulama tam size göre bir balık ziyafeti olacaktır. Rakı balık sofrası kulağa hoş gelse de ek kalori yükleyeceği için önermiyoruz. Fırın balık da yağsız yapıldığı için diyete uygundur.

Tavuk için de benzer şeyleri söyleyeceğimiz için konu tekrarından kaçınmak için et yemeklerine benzer özellikleri öneriyoruz demekle yetineceğiz.

Etleri pişirdik şimdi tabaklara koyup servis edeceğiz. Kaç köfte ikram edilecek? Kaç köfte yemeyi düşünüyorsunuz. 3-4 köftenin

§

yeterli olacağı kanısındayız. Tabağınızın geri kalan boş kısmını salata ile doldurabilirsiniz.

Sulu yemeklerin hazırlanmasına gelelim. Bulunduğunuz mevsimde hangi sebzeler bulunuyorsa o sebzelerden yemek hazırlayabilirsiniz. Bildiğiniz üzere kolesterol hayvansal gıdalarda vardır bitkisel gıdalarda kolesterol yoktur. Ancak vücudunuza aldığınız her fazla kalori vücudunuzda yağ olarak depolanır. Bu nedenle bitkilerde kolesterol yok deyip kalori fazlası almamalıyız. Sebzelerin kalorileri daha düşüktür. Bu konudaki kalori cetvellerini kitabın diğer bölümlerinde vereceğiz. Hazırladığınız sebze yemeklerini de az yağlı yapmaya özen göstermenizi tavsiye edeceğiz. Örneğin 4 kişilik bir yemek hazırlıyorsanız bir çorba kaşığı tencereye zeytin yağı koymanızın lezzeti oluşturmaya yeteceğini düşünüyoruz. Bu sulu sebze yemeklerini de yerken lütfen çatal kullanınız kaşık ile yiyip yemeğin suyundaki yağları yememeye çalışmanızı özellikle vurgulamak isteriz.

Şimdi sıra salatalara geldi. Salataları mümkünse yağsız salata şeklinde yemeye çalışın. Tat vermesi için limon sirke salataya dökebilirsiniz. Yağsız salata yiyemiyorsanız kendi salatanıza maximum 1 çay kaşığı dökün fazla dökmemeye gayret ediniz. Salata yapımında da seçeceğiniz sebzelerin kalorisine dikkat etmeniz size faydalı olabilir. Örneğin salatalık kalorisi en düşük sebzelerdendir. Havuçun kalorisi ise içerdiği şeker nedeniyle daha yüksektir. Bu nedenle karışık salata hazırlıyorsanız ve hepsinden tatmak istiyorsanız salatalık marul domates soğan karıştırıp üzerine rendelenmiş havucu salatayı süsleyecek şekilde

§

serpebilirsiniz. Amaç kalorisi azaltılmış ama görüntüsü güzel salata hazırlamak olmalıdır.

Sıra geldi tatlılara. Tatlı yemeseniz olmaz mı? İlla tatlı yemek zorunda mısınız? Her yediğiniz tatlı size yağ olarak dönebilir.

En güzel tatlı hafif olanıdır. Ağır tatlılardan hafif tatlılara doğru konuşmaya başlayalım:

Baklava: Baklavalık yufkaların arasına antep fıstığı veya ceviz konularak pişirilir tereyağı dökülerek yağlanır ve bol şekerli şurup ile tatlandırılır. İçinde un, yüksek kalorili meyve olan antep fıstığı veya ceviz, tereyağı ve şeker içeren yüksek kalorili bir tatlıdır. Ülkemizde oldukça sevilir.

Kızartma tatlılar: Tulumba tatlısı vs. Undan hazırlanan hamur yağda kızartılır şerbet ile tatlandırılır. Kalorisi yüksektir.

Şerbetli tatlılar: Şekerpare gibi. Bunlar da undan imal edilir. Un yanında hamura bir miktar yağ katılabilir. Şerbet ile tatlandırılır.

Sütlü tatlılar: Kalorisi diğer tatlılara göre daha düşüktür. Sütlaç gibi.

Meyve tatlıları: Meyvelerin şerbet içinde pişirilişine göre kalorisi değişmekle birlikte kalorisi diğerlerine göre daha azdır.

Meyvenin kendisi: Bize göre en güzel tatlıdır. Bir üzüm, bir elma, bir armut. Ekstra şeker ihtiva etmeyen yağ ve un içermeyen

§

en hafif ve en doğal tatlı. Niçin tatlı yerine bir meyve yemiyorsunuz?

Yukarıdan da anlaşılacağı gibi biz size 50 gr peynir, 3 zeytin vs ölçüler vermiyoruz çünkü verdiğimiz ölçüleri pratik günlük yaşamda bulmanız zor olabilir. Bizim öğretim amacımız sizin günlük yaşamda çevrenizde bulduğunuz yemekleri nasıl diyetinize uygun hale getirebilirsiniz bunu anlatmak istiyoruz. Yaşam stilinizi değiştirip çevreye uyum sağlayabilen sizi sıkmayacak ve lezzetten ödün vermeyecek yemek kombinasyonlarının nasıl oluşturabilerceğinizi vurgulamak istiyoruz.

§

Sporun metabolizma üzerine etkisi, şeker ve yağ yakımında etkisi:

Spor sağlıklı bir yaşam için mutlak yapılması gereken bir fizik aktivitedir. Tek başına spor yapmak ancak diyete uymamak sizin ideal kiloda kalmanızı sağlamaz. Diğer yandan çok iyi diyet yapıp spor yapmamak da size sağlıklı bir yaşam kazandırmaz. Hem dengeli ve düzenli besleneceğiz hem de sporumuzu yapacağız.

Spor yapmak için uygun zaman uygun çevre gerekli değildir. Her zaman her yerde sporumuzu yapabiliriz. Evde, işyerinde, otururken, yatarken her zaman kısa süreli spor aktiviteleri yapabiliriz. Bunlar hakkında kısa örnekler vereceğiz. Eğer uygun vaktiniz varsa düzenli spor aktivitelerini uygulamak tabiki daha iyidir. Burada demek istediğimiz vaktim yok spor yapamıyorum dememeniz kısa bir iki dakika bile günlük davranışlar arasında spor aktivitelerini yapmanızı tavsiye etmektir.

Gün içinde olağan yaşam hareketleri arasına kısa süreli spor aktivitelerinin eklenmesi:

Burada söyleyeceklerimiz aslında hepimizin bildiği ancak farkına varamadığımız bilgilerdir. Bilgilerimizi kısaca güncelleyeceğiz. Sabah uyandığımızda kahvaltı sofrasının hazırlanmasına ve toplanmasına yardım etmek, kahvaltıyı yatakta değil mutfağa gidip masada yapmak, asansör kullanmamak, iş yerine giderken işyerine yakın bir yerde araçtan inip bir miktar yürüyerek iş

§

yerine gelmek,eve gelince yatmamak oturmak vs vs. Kısacası gün içinde daha çok bedenimizi kullanmak ve daha aktif bir yaşam stiline sahip olmak şeklinde bunları özetleyebiliriz.

Düzenli spor aktiviteleri yapmak çok daha iyidir. Bu konuda yürüyüş yapmak, koşmak, yüzmek, spor karşılaşmaları (tenis vs) vücudumuza oldukça faydalıdır. Sporu tavsiye ederken bir parantez açıp sizleri bir konuda uyarmak istiyoruz. Gazetelerden zaman zaman duyuyorsunuzdur futbol maçı sırasında kalp krizi geçirdi öldü şeklinde zaman zaman haberler kamuoyunda görülmektedir. Düzenli spor aktivitelerine başlamadan önce hekiminize gidip bu konuda profesyonel görüş isteyebilirsiniz kalp tansiyon şeker vs muayenelerinizi yaptırabilirsiniz.

Düzenli spor yapmanın kolesterol düşürülmesinde etkili olduğu bildirilmektedir. Düzenli spor ile HDL (iyi kolesterol) yükselirken, LDL (kötü kolesterol) kolesterol düşer

Burada şunu da belirtmek istiyorum. Spor ile kolesterol düşer ilaç tedavisine gerek kalmaz diye bir şey söylemek mümkün değildir. Diyet ve spor ile kolesterol düşer ancak bazı kişilerde bu yeterli olmaz kan tahlillerinde kolesterol miktarına bakılır ve yeterli düşme olmazsa doktorunuz tarafından kolesterol düşürücü ilaçların başlanması gerekebilir.

Spor kan şekerinin düzenlenmesinde de yardımcı olur. Vücudumuzda organların şekeri kulanabilmesi için insüline gereksinim duyulur. Pankreastan insülin salgılanır ve insülin yardımıyla hücrelerde şeker kullanılır. Ancak iki organımızda

§

insülinden bağımsız olarak şeker kullanılır. Bunlar beyin ve kas dokusudur. Anlaşılacağı üzere spor ile kaslarımız sayesinde şeker yakılması sağlanıp kan şekerinin düşürülmesinde yardımcı olur.

Sporun aynı zamanda kemik dokusunun zayıflamasını önleyici etkisi olduğu da belirtilmektedir. Bu nedenle osteoporoz (kemik erimesi) gelişimini önlemede sporun yardımcı olduğu söylenmektedir.

Spor ile kaslarımız daha belirgin hale geleceği için daha fit bir durumda görünmemizi de sağlayacaktır.

Spor hareketlerinin harcadığı kaloriler hakkında da kısa bilgiler vermek istiyoruz:

Ortalama bir yürüyüş ile dakikada 5 kalori yakılabilir. Eğer yürüyüş hızınızı arttırırsanız bu harcanan kalori 7 hatta 8 kaloriye kadar çıkarılabilir. Hanımların günlük işleri arasında ev temizliği yer almaktadır. Ev temizliği size dakikada 4 kalori harcamanıza yardımcı olacaktır.

Yüzme sırasında havuz suyu sıcaklığına, sizin yüzme hızınıza göre kalori yakmanız değişebileceği gibi ortalama olarak dakikada 7 kalori yakabilirsiniz.

Koşmak size daha fazla kalori harcatacaktır. Yavaş koşarsanız dakikada 9-10 kalori yakmanız mümkün olacaktır. Koşu hızınızı arttırırsanız bu yakılan kalori 15 hatta 17 kaloriye kadar çıkabilir.

§

İp atlama da kalori harcamanızda size oldukça faydası olan spor aktiviteleri arasındadır. Dakikada 12 kaloriye kadar harcamalar mümkün olabilir.

Spor aktivite ile yakılan kalori sizin kilonuza da bağlıdır. Detaylı kalori harcama cetvelleri internet ortamında sunulmuştur. Bunun için internet arama motorlarına girip spor kalori cetveli yazıp arama yaparsanız bu konuda detaylı bilgi veren sitelere ulaşmanız mümkündür. Bu kadar ince kalori hesabı yapmak gerekli mi? Bizce günlük yaşamda o kadar ince hesaplamalara gerek yok. Birkaç adet sizin yaptığınız spor aktivitelerin dakikada harcanan kalorisini bilseniz bu size yeterli olabilir. Ancak ciddi bir diyet programı uyguluyorsanız tabii ki detaylı bir kalori hesabı yapmanız uygun olabilir.

Kaynaklar:

1.) http://www.kalori.biz/kalori-yakma-hesabi.html (erişim 6,12,2015)

2.) http://beslenme.gov.tr/index.php?lang=tr&page=57 (erişim 2,12,2015)

3.) (http://www.milliyet.com.tr/haftada---gun-sporla-kolesterol-dusurulebilir-taylankumeli-537553/ erişim 11,2,2015)

§

Obezite:

Obezite için çeşitli tarifler yapılmıştır. Obezite vücudun yağ oranının aşırı artması olarak tarif edilebilir. Kısaca şişmanlık diyebiliriz. Obezite tanımı ve sınıflandırması için BMI kullanılmaktadır. BMI İngilizce bir tanımdır ve Body Mass Index kelimelerinin baş harfleridir. Türkçe olarak Vücut Kitle Endeksi denmektedir. Vücut kitle endeksi hesaplanmasında vücut ağırlığının (kg), boy uzunluğunun (m) karesine bölünmesiyle hesaplanır. Örneğin, bir kişinin boyu 1,80 metre, kilosu ise 80 kilogram olduğunu varsayarsak:

Vücut kitle endeksi:

Vücut ağırlığı/(boy)^2 = 80/1,80^2 = 80/3,24= 24,69

19-24 yaş arasında 20'den az ise zayıf diyebiliriz. 20-24,9 arası normal, 25-29,9 arasında obezite öncesi, 30-34,9 arasına obezite 1.sınıf, 35-39,9 arasına obezite sınıf 2, 40 ve üzerine ise obezite sınıf 3 denmektedir. Bazı kaynaklar yaşlara göre vücut kitle endeksinin değişebileceğini vurgulamaktadır.

Bu formüle göre kaç kilo olmamız gerektiğini hesaplayabiliriz:

Vücut ağırlığı = (vücut kitle endeksi) x (boy)^2

Eğer vücut kitle endeksinizin 20 olmasını istiyorsanız boyunuza göre kaç kilo olmanızı şu şekilde hesaplayabiliriz:

§

Boy 1,5m ise $20 \times 1,5^2 = 20 \times 1,5 \times 1,5 = 45$ kg

Boy 1,55m ise $20 \times 1,55^2 = 20 \times 1,55 \times 1,55 = 48,05$ kg

Boy 1,6m ise $20 \times 1,6^2 = 20 \times 1,6 \times 1,6 = 51,2$ kg

Boy 1,65m ise $20 \times 1,65^2 = 20 \times 1,65 \times 1,65 = 54,45$ kg

Boy 1,7m ise $20 \times 1,7^2 = 20 \times 1,7 \times 1,7 = 57,8$ kg

Boy 1,75m ise $20 \times 1,75^2 = 20 \times 1,75 \times 1,75 = 61,25$ kg

Boy 1,8m ise $20 \times 1,8^2 = 20 \times 1,8 \times 1,8 = 64,8$ kg

Boy 1,85m ise $20 \times 1,85^2 = 20 \times 1,85 \times 1,85 = 68,45$ kg

***

Bu hesaplamaya göre, hangi vücut kitle endeksinde bulunmak istiyorsanız bu hesaplamaya göre ideal kilonuzu bulabilirsiniz. Eğer, vücut kitle endeksinizin 23 olmasını istiyorsanız bu hesaplamada 20 yerine 23 konularak hesaplama yapılmalıdır. Örneğin

Boy 1,7m ise $23 \times 1,7^2 = 23 \times 1,7 \times 1,7 = 66,47$ kg

Boy 1,8m ise $23 \times 1,8^2 = 23 \times 1,8 \times 1,8 = 74,52$ kg

Boy 1,85m ise $23 \times 1,85^2 = 23 \times 1,85 \times 1,85 = 78,71$ kg

§

İdeal kilonuzu hesapladıktan sonra kalori kısıtlamasına giderek fazla kilolarınızdan kurtulabilirsiniz.

Şimdi ne kadar kilo vermeniz gerekli ve bu hedef kilonuza ulaşmak için ne kadar kalori vermeniz gereklidir kısaca onu örnekler ile hesaplamaya çalışalım:

Örneğin boyunuz 1,7m ve şu anki kilonuz 90 kilogram. Şu anki vücut kitle endeksiniz

Vücut kitle endeksi = Vücut ağırlığı/(boy)^2 = 90 / 1,7^2 = 90/2,89 = 31,14

Vücut kitle endeksinizin 23 olmasını istiyorsanız yukarıdaki hesabımıza göre 1,7m boyunuzda ideal kilonuzun 66,47kg olması gerekli. Bu iki değer arası fazla kilonuzdur.

Fazla kilo değeri = Şu anki kilonuz – olmak istediğiniz ideal kilo

Fazla kilo değeri = 90 – 66,47 = 23,53 kg

Hesabımıza göre örneğimizin 23,53 kg fazlası vardır. Örneğimizin diyet yaparak bu fazla 23,53 kilogram fazlalığını vermesi gerekiyor.

Çok ağır diyet programlarına karşıyız. Rahat ve bizi huzursuz etmeyecek bir diyet programı olmalı. Hızlı kilo verme vücudumuza zarar verebilir. Bu konu diğer bölümlerde tartışılmıştır. Örneğimizin haftada yarım kilo vermesinin uygun

§

olduğunu düşünürsek ayda 2 kilo vermesi gereklidir. 23,5 kg vermesi için 47 hafta zayıflama diyeti uygulaması gerekli. Bu hesaba göre acaba örneğimiz kaç kalorilik diyet uygulamalıdır. Bunun hesabını açıklamaya çalışalım:

Vücudumuzun bir kilo alması için 7000 Kalori fazla alması gereklidir. Aynı şekilde kaba bir hesapla vucudumuzun bir kilogram kaybetmesi için de 7000 Kalori enerji eksiltilmelidir. Ayda 2 kilogram vermek istiyorsak ayda 14.000 Kalori vermek gerekiyor. Bir günde ise ne kadar Kalori vermek gerekiyor?

14000/30= 467 Kalori.

Yani bu demektir ki bir günde günlük yaşamımızı devam ettirmek için gerekli kalori miktarını 467 Kalori daha az alırsak hedeflediğimiz kiloya ulaşmamıza yardımcı olacaktır. Şimdi bunu hesaplayalım:

Örneğimiz 90 kilogram ağırlığında ve 1,7metre boyundaydı. Bu kilonun bazal enerji gereksinimini hesaplayacağız. Bazal enerji ihtiyacı günlük enerji ihtiyacının %60-70 kadarıdır.

Bazal enerji ihtiyacı:

Erkeklerde: kcal/gün:10(ağırlık kg)+ 6,25(boy cm)-5(yaş yıl) +5

Kadınlarda: kcal/gün: 10(ağırlık kg)+ 6,25(boy cm)-5(yaş yıl)-161

§

Örneğimizin bayan ve 30 yaşında olduğunu varsayalım:

(10x90) + (6,25x170) –(5x30) -161= 900+1062,5-150-161= 1651,5 Kalori.

1650 Kalori örneğimizin bazal enerji istirahati için gerekli enerji miktarıdır. Bu 1650 Kalorinin günlük enerji ihtiyacının %70'ine karşılık geldiğini kabul edersek günlük enerji ihtiyacı:

Günlük enerji ihtiyacı: (Bazal enerji gereksinimix100) / 70

= (1650 x 100) /70 = 165000/70=2357 Kalori.

Bu değerin aktif çalışan bir kişinin ihtiyacı olduğu unutulmamalıdır. Eğer siz aktif çalışmıyorsanız bu değeri 2000 kalori olarak kabul edebilirsiniz.

Örneğimiz 467 Kalori daha az kalori alırsa:

2357-467= 1890 Kalori (aktif çalışan kişiler için).

2000-467= 1533 Kalori (aktif çalışmayan kişiler için)

Eğer aktif çalışan bir kişi değilseniz günde 1533 Kalori alırsanız kilo vermeye başlayacaksınız demektir.

Örneğimiz diyet ile 80 kiloya inerse hesabımız yine değişecektir.

Örneğimizin 80 kilogramda günlük enerji ihtiyacını hesaplayalım:

§

Bazal enerji gereksinimi = (10x80) + (6,25x170) –(5x30) -161

= 800+1062,5-150-161= 1551,5 Kalori

Günlük enerji ihtiyacı: (Bazal enerji gereksinimix100) / 70 =(1550 x 100) /70 = 155000/70=2214 Kalori (aktif çalışan kişiler için).

Aktif çalışmayan kişiler için bu rakamı 1900 Kalori olarak değerlendirirsek:

Örneğimiz 467 Kalori daha az kalori alırsa:

1900-467= 1433 Kalori.

Günde 1433 Kalori alırsa kilo vermeye devam edecektir.

Eğer olgumuz 70 kiloya inerse hesaplarımızı yeniden değerlendireceğiz.

Örneğimizin 70 kilogramda günlük enerji ihtiyacını hesaplayalım:

Bazal enerji gereksinimi =

(10x70) + (6,25x170) – (5x30) -161= 700+1062,5-150-161

= 1451,5 Kalori

§

Günlük enerji ihtiyacı: (Bazal enerji gereksinimix100) / 70 =(1450 x 100) /70 = 145000/70=2071 Kalori (aktif çalışan kişiler için).

Örneğimiz 467 Kalori daha az kalori alırsa:

2071-467= 1604 Kalori.

Günde 1600 Kalori alırsa kilo vermeye devam edecektir.

Görüldüğü gibi her kilodaki kişi için hesap farklıdır. Sizler de bu hesaplamalara göre hesaplama yapabilirsiniz. Eğer bu hesaplama size karışık geldiyse ve hesaplama yapamıyorsanız ve size uygun kalori hesaplanmasını istiyorsanız bir diyetisyene başvurmanızı öneririm. Ancak bizim kitabımızın amacı sizleri hesaplardan bağımsız olarak diyet önermek olduğu için kitabın tümünü okumanızı öneriyoruz.

Bu hesaplamalar ile kilo veremiyorsanız günlük fiziksel aktiviteler gözden geçirilmelidir. Eğer siz evde oturan ve aktif çalışmayan kişi iseniz yaşamınıza fiziksel aktivite eklemenizi tavsiye edebiliriz. Fiziksel aktivite sağlıklı yaşamak için de gereklidir. Sporun sağlığımız üzerine etkilerini ayrı bir bölümde tartışacağız.

Obezitenin çeşitli nedenleri vardır. Bu nedenler arasında yaş, cinsiyet, eğitim düzeyi, gelir durumu, hormonal hastalıklar, psikolojik rahatsızlıklar, sigara ve alkol kullanımı, kullanılan bazı ilaçlar (antidepresanlar gibi).

§

Yaş ilerledikçe geçen yıllarla birlikte insanlar kilo alma eğilimi göstermektedir. Bayanlarda cinsiyete bağlı obezite daha sık görülmektedir. Gelir durumu arttıkça yüksek kalorili gıdalara ulaşmada maddi imkanlara sahip olduğu için obezite sık görülebilmektedir. Psikolojik problemlere bağlı obeziteyi kitabımızda ayrı bir bölümde inceleyeceğiz. Bazı hormonal hastalıklarda da obezite görülmektedir. Alkol alımı alkolün hem kendisinin kalorili olması hem de içki masasındaki yiyecekler obezite nedenleri arasındadır. Obez kişilere burada tavsiyemiz obezite nedenlerini kendilerinin bulmaya çalışması değildir, hekimden profesyonel yardım almasıdır.

Kaynaklar:

1.)   (https://tr.wikipedia.org/wiki/V%C3%BCcut_kitle_indeksi 13,11,2015)

2.) BALTACI, Gül. Obezite ve Egzersiz. Sağlık Bakanlığı Yayınları, Ankara, 2008.

3.) ŞAHIN, Aynur; DOĞRU, Hatice Yılmaz. Review/Derleme. Çağdaş Tıp Dergisi 2013;3(3): 234 - 236

4.) (http://beslenme.gov.tr/index.php?page=41 13,11,2015)

§

Vücut metabolizması ve kalori ihtiyacı:

İnsanların doğumdan itibaren büyümesi ve hayatını devam ettirebilmesi için temel gıda maddelerine ve enerjiye ihtiyaç vardır. Enerji ihtiyacı kişinin yaşına, boyuna kilosuna ve en önemlisi fiziksel aktivitesine göre değişkenlik gösterir.

Bazal enerji gereksinimi kişinin istirahat halinde hiçbir iş yapmaz iken harcadığı enerjidir. Bu cümleyi daha açmak gerekmektedir. Yatarken elimizi kolumuzu bacağımızı hareket ettirmez iken biz istirahat halindeyiz ve bu durumda harcadığımız enerjiyi karşılamak için gerekli enerji bazal enerji gereksinimine karşılık gelmektedir. Biz hiçbir iş yapmaz iken nasıl enerji harcıyoruz? Bu sırada kalbimiz çalışmaktadır ve kalp kası her kasılmada enerji sarf etmektedir. Kalp kasılarak kanımızı vücudumuzdaki tüm organlarımıza pompalamaktadır. Aynı zamanda barsaklarımızda çalışmaya devam etmektedir. Mide barsak içindeki gıdaların sindirimi devam etmektedir. Yediğimiz yiyecekler hem sindirilirken enerji harcanmakta hem de sindirim sonu kalan posa vücuttan atılmak üzere kalın barsağa doğru taşınmaktadır. Karaciğerimiz çalışmaktadır. Barsakta emilen tüm besinler vücudumuzda genel kan dolaşımına geçmeden önce karaciğere gelmekte burada işlenmekte ve vücut kullanımına uygun hale getirilmektedir. Ayrıca karaciğer safra üretip oniki parmak barsağı içine üretilen safrayı akıtmaktadır. Böbreklerimiz de çalışmaktadır. Vücudumuzda biriken vücuda yararlı olmayan maddeleri kandan süzerek idrarla atılmalarını sağlamaktadır. Beynimiz sürekli çalışıp vücudumuzun çalışmasını kontrol edip

§

vücudumuzu yönetmektedir. Örneğin yatarken üşürsek üşüme duygusu beynimize iletilir ve üstümüzü örteriz veya kaslarımıza beynimiz titreme emrini gönderir kaslarımız titreyerek kasılır ve kasılma sonucu kaslarımız enerji üretip vucudumuzun ısıtılmasında yardımcı olur. Gördüğünüz gibi biz dinlensek hiçbir istemli hareket yapmasak da canlı bir vücuda sahibiz ve vücudumuz sürekli çalışmaktadır. Bu çalışmayı sağlayabilmek için enerji gereklidir ve bu enerjiye biz bazal enerji gereksinimi diyoruz. Bazal enerji gereksinimi hemen hemen o kişi için sabittir denilebilir. Günlük enerji gereksinimi ise kişinin fiziksel aktivitesine göre değişkenlik gösterir. Bazal enerji gereksinimi bazı kaynaklara göre günlük enerji gereksiniminin %60-70'ini oluşturmaktadır.

İstirahat halindeki enerji gereksinimini hesaplamak için çeşitli bilimsel yöntemler tarif edilmiştir. Burada Mifflin-St Jeor formülünü vereceğiz. Bu formül sağlıklı bireylerde geçerlidir. Hastalık ve yaralanma durumlarında istirahat halindeki enerji gereksinimi değişiklik gösterecektir.

Erkeklerde: kcal/gün:10(ağırlık kg)+ 6,25(boy cm)-5(yaş yıl) +5

Kadınlarda: kcal/gün: 10(ağırlık kg)+ 6,25(boy cm)-5(yaş yıl)-161

Örneğin: 80 kg ve180cm boyunda 30 yaşında bir erkeğin günlük bazal enerji gereksinimi:

(80x10) + (6,25x180) – (5x30)= 800+1125-150=1780

§

Aynı ölçülere sahip eğer bir bayan olsaydı günlük bazal enerji gereksinimi:

(10x80) +(6,25x180) – (5x30) – 161 : 800+ 1125-150-161: 1925-311:1614 Kal

Kaynaklar:

1.) MAHAN, L. Kathleen; ESCOTT-STUMP, Sylvia; RAYMOND, Janice L.Krause's food & the nutrition care process. Elsevier Health Sciences, 2012.

2.) http://www.calculator.net/calorie-calculator.html

(erişim 13.11.2015)

§

Günlük kalori alımının gün içinde dağılımı:

Gece çalışan kişilerde , obez öğrencilerde, gün içinde mesai saatlerinde çalışanlarda, vardiya usulü çalışanlarda olmak üzere diyet özelliği ve günlük kalori alımının düzenlenmesini inceleyeceğiz.

Detaylı açıklamalara girmeden önce aktif ve dikkat gerektiren işlerde çalışanların çalışma saatlerinde kalori ihtiyaçlarını eksiksiz almalarını, kalori kısıtlamalarını ise istirahat zamanlarında yapmalarını tavsiye edebiliriz. Çünkü bu süre içinde kalori ihtiyacınızdan az kalori alırsanız kilo vermenize yardımcı olur ancak kalori eksikliği halsizlik yorgunluk ve dikkat dağınıklığı oluşturabileceği için sonu kötü olabilecek kazaların oluşumuna neden olabilirsiniz. Bu konuları aşağıda detaylı açıklayacağız:

***

Gece çalışan normal ve obez kişilerde kalori alımının düzenlenmesi:

Gece görevi yapanlar arasında pilot, hostes, asker, polis, doktor, hemşire, memur, güvenlik görevlileri, gece vardiyasında çalışan işçiler sayılabilir. Bu kişiler meslek özelliklerine göre nasıl bir kalori alacaklar? Kısaca tartışalım:

§

Bu gece çalışanlarının hepsinin iş riskleri birbirinden farklıdır. Kimi mesleklerdeki kişiler gece saat 2 de 100 yolcusu ile havada uçak kullanırken, kimileri ise gece saat 03'te elinde neşter ile bir kişinin önemli bir ameliyatını yaparken diğer kişi ise arkasında 50 yolcusu ile 4-5 saat gözünü kırpmadan otobüs kullanabilmektedir. Bu kişilerin yorgun ve dikkatlerinin dağınık olması ölümcül sonuçlara neden olabilmektedir.

Gece çalışan kişilerin en büyük problemlerinden biri de obez olmaları ve obeziteden kurtulamamalarıdır. Tavsiyelerimiz bu konuda da olacaktır.

Gece çalışmanın riski gündüz çalışmaya göre daha yüksektir. Yüksek riski oluşturan en büyük faktör de "uyku"dur. Uyku herkesin bildiği üzere fizyolojik bir ihtiyaçtır ve insanlar genellikle gece uyurlar. Gece çalışanlar normal fonksiyonlarının ters yönünde gece çalışmak zorunda kalanlardır. Bazen basından duyarsınız "şoför uyudu otobüs kaza yaptı" diye haberler ile karşılaşırız. Siz zannediyor musunuz şoför biraz gözümü kapatayım dedi ve uyudu? Hayır! Hiç anlamadan uykuya daldı. Yolda uyuyan şoförler hiç anlamadan uyku haline geçip kazaya yol açabilirler. Her şoförün gece araç kullanımı sırasında uyku halinden kaçınmak için kendilerine özgü davranış şekilleri vardır. Bunlar arasında sakız çiğnemek, kahve ve çay sürekli içmek, müzik dinlemek vs vs. Bu alışkanlıklar kişiden kişiye değişir. En önemlisi ise göreve gitmeden önce iyi bir istirahattir.

Normal vücut ağırlığınız varsa obez değilseniz size tavsiyelerde bulunmaya bile gerek yok çünkü siz zaten dengenizi

§

oluşturmuşsunuz demektir. Ancak bir iki basit önerimiz olacaktır. Örnek vererek açıklayalım:

1 saatlik araç kullanmak 170-200 kalori.

Eğer siz otobüs süren gece yolculuğu yapan şoför iseniz ve yolculuğunuz 3 saat kesintisiz sürecek ise yaklaşık 600 kalori sadece araç kullanırken yakacaksınız. Bu kalori hesabına sizin vücudunuzun bazal kalori ihtiyacını da ekleyelim:

80 kg ve180cm boyunda 30 yaşında bir erkeğin günlük bazal enerji gereksinimi:

(80x10) + (6,25x180) − (5x30)= 800+1125-150=1780 (günlük gereksinim). Saatteki ihtiyaç ise

1780/24=75kal.

3 saat için bazal kalori: 225 kalori.

3 saatlik araç kullanımınızda bazal kalori + 3 saatlik araç kullanım kalori ihtiyacı:

= 225+600=825 kalori.

Sonuç olarak otobüsünüzü saat 01 de devir alıp saat 04'e kadar kullanmanız gerektiğinde bu süreç içinde yaklaşık olarak 825 kaloriye ihtiyaç duyarsınız. Eğer bu kaloriyi almazsanız vücudunuz bu kaloriyi sizin yağ deponuzdan yakarak

§

sağlayacaktır bu durum ise sizde halsizlik yorgunluk oluşturabilir. Bu nedenle biz size bu zorunlu ve tehlikeli çalışma saatinde sizin ihtiyacınız olan kaloriyi almanızı kısıtlamaya gitmemenizi tavsiye ediyoruz.

Peki, siz obezsiniz ve gece tehlikeli görev yapıyorsanız pilot, kaptan şoför veya gece çalışan cerrah iseniz veya gece çalışan iş makinası kullanan işçi iseniz ne zaman diyet yapacaksınız şimdi bunları konuşalım:

Gece tehlikeli işlerde çalışanların hataları başkalarının hayatına mal olabileceği gibi kendi hayatlarını da etkiler. Kaza yapan kaptan şoför yolcuları ile birlikte hayatını kaybeder. Gece iş makinası kullanan işçi iş kazası yaparak kendi ölümüne veya sakat kalmasına yol açabilir. Bu nedenle tekrar söylemek istiyoruz tehlikeli iş saatlerinizde kalori kısıtlamasına gitmeyin yeterli kalorinizi bu çalışma saatleri süresi içinde düzenli olarak alınız ancak bu kalori alımını da aşırıya kaçırıp fazla kalori almanıza da gerek yok çünkü fazla alınan kalori ihtiyaçtan fazla olduğu için depolanmaya gidecektir.

Çalışma saatiniz bitti ve istirahate geçtiğinizi farz edelim. Pilotsunuz gece 02'de Hamburg'dan kalktınız ve İzmir havaalanına iniş yaptınız, veya otobüs kaptanısınız ve sabah 05'te molaya girip görevinizi yedek şoföre devrettiniz. İşçi iseniz fabrikadan saat 06'da çıktınız ve evinize gittiniz. <u>Görevinizi başarıyla yapmanın mutluluğu ile bol kalorili bir kahvaltı yapmamanızı öneriyoruz. Hafif bir şeyler atıştırıp istirahate çekilmeniz en sağlıklı olanıdır.</u> Örnekler ile inceleyelim. Pilot

§

sabaha doğru uçaktan iniyor, yorgun ve acıkmış bir halde. Birşeyler yiyip servise veya aracına binip evine gitmek istiyor. Bu süreç içinde 200ml lik küçük paket süt içmek açlığını eve gidene kadar bastıracaktır. Eve gittiğinde hafif bir kahvaltı (domates, salatalık, çeyrek dilim ekmek, biraz diyet peynir, 2-3 zeytin, bir çay kaşığı reçel) doygunluk hissetmesine yeterli olacaktır. Otobüs şoförü sabah saat 05'te mola yerine girince otobüsü yedek şoför alacaktır. Bu sırada mola yeri kaptan şoförlere masalarını hazırlamış olur. Sizin otobüs kullanma süreniz sona erdiği istarahat saatine geçtiğiniz için ağır bir kahvaltı yerine yukarıda tarif ettiğimiz hafif kahvaltı veya sıcak bir çorbayı tercih edip istirahate geçebilirsiniz. Yine fabrikada çalışan bir işçi işi bitip soğukta eve gittiğinde hafif bir kahvaltı veya sıcak bir çorba sonrası yatağına uzanıp dinlenmesi az kalori almasına yardımcı olacaktır.

Kısacası; gece tehlikeli görevlerde çalışıyorsanız bu çalışma saatleri için gerekli olan kalori ihtiyacınızı alınız. Bu saatler dahilinde kalori kısıtlamasına gitmeyiniz. Kalori kısıtlamalarınızı istirahat saatlerinizde yapmanızı tavsiye edebiliriz.

§

Öğrencilerde normal ve obez kişilerde kalori alımının düzenlenmesi

Gelişme çağındaki çocuklarda, öğrencilerde obezite günümüzde önemli bir problem haline gelebilmektedir. Birçok anne çocuklarının obez olmasından yakınmaktadır. Günümüzde okullarda obeziteyi arttıracak yiyecek ve içecek satışı yasaklanmaktadır. Ancak bu yasaklamalar obeziteyi önleyememektedir.

Çocuğunuzun obez olmasından şikayet ediyorsanız bunun altında metabolik veya hormonal bir sebep olup olmadığının anlaşılması için bir çocuk hastalıkları uzmanına başvurmanızı önerebiliriz. Eğer altta yatan bir hastalık yoksa diyet önerilerimize başlayabiliriz:

Ailenin beslenme alışkanlığı öğrencilerin obeziteye yakalanmasında önemli bir yer tutabilir. Diğer aile bireylerinin obez olup olmadığına bakılması gereklidir. Anne obez mi? Anne baba obez mi? Ailenin tüm bireyleri obez mi? Böyle durumlarda ailenin beslenme alışkanlıkları sorgulanmalıdır. Aile genel olarak kızartma yemek tüketimini seviyor mu? Kızartma köfte, kızartma patates ve diğer kızartma yemekleri çok tüketiliyor mu?

Anne, annelik içgüdüleri ile çocuğunu aşırı besleme eylemi gösteriyor mu? Bazı anneler çocuklarının sürekli beslenmesini istemektedirler.

§

Yukarıdan da anlaşılacağı üzere aile ilk önce kendini sorgular ise ailesel beslenme alışkanlıklarının farkındalığına sahip olabilir.

Eğer aile dengeli beslenme özelliklerine sahipse ailede başka obez yoksa ve baskıcı bir anne çocuğuna sürekli bir şey yeme gayretinde değilse çocuğun alışkanlıkları obeziteden sorumlu olabilir. Bazı çocuklar atıştırmalık şekerleme, çikolata ve tatlı bisküvileri çok sık tüketirler. Bunlar kalorisi yüksek gıdalardır ve çocuğun ihtiyaç fazlası alınan her kalori çocukta obezite riskini arttırıcı bir eylem haline döner. Eğer çocuğunuzda böyle alışkanlıklar varsa bu alışkanlıkları değiştirmek gerekir. Bazı anneler çocuğunun yanına okula giderken sağlıklı yesin diye sebze, havuç, salatalık koyarlar. Fakat çocuğunuz bunu arkadaşları ile değiştirip arkadaşlarından çikolata alabilir. Bunun için çocuğunuzla samimi iletişime geçmeli ve onu bilinçlendirmeniz faydalı olabilir.

Eğer çocuğunuz çikolata ve pasta gibi yüksek kalorili yiyeceklere çok düşkünse bu tatlara yakın meyve tatlılarına çocuğunuzu yönlendirebilirsiniz. Örneğin muz üzerine biraz çikolata sürerseniz kalorisi daha az ve çikolatalı meyve tatlısı elde edebilirsiniz. Yoğurt üzerine az miktarda konacak reçel de hafif bir alternatif tatlı olarak çocuğunuzun beğenisine sunulabilir. Şunu unutmayınız ki çikolatanın bir gramında 6-7 kalori vardır. Yağda 9 kalori, karbonhidrat ve proteinde ise 4,5 kalori vardır. Gördüğünüz üzere çikolata içerdiği yüksek yağ oranı nedeniyle kalorisi oldukça yüksek bir tatlıdır.

§

Çocuğunuzun obeziteden kurtulması için öğün hacimleri de azaltılmalı az ve sık yemek yemesine özen gösterilebilir. Bu sayede obezite nedeniyle büyümüş mide hacmi zaman içinde azalacak ve daha az gıda ile doygunluk hissi oluşabilecektir. Yediği yiyeceklerin az kalorili yiyeceklerden seçilmesi de önemlidir. Örneğin makarna seviyor ise makarnanın kalorisini azaltmak için içine sebze katılabilir ve sebzeli makarna olarak çocuğunuzun beğenisine sunulabilir. Sebzeli makarnanın kalorisi normal makarnaya göre daha azdır. Tabi ki sebzeler kızartılmadan makarnaya katılacağının unutulmaması gerekir.

Çocuğunuzun spor aktivitelerinin arttırılması kalori harcamasına neden olacağı için obezite ile mücadelenizde spor size yardımcı olabilir.

Başarılı bir okul hayatı için günlük kalori alımı sabah saatlerinde gerektiği kadar verilmesi gereklidir. Çalışma saatlerinde ihtiyacı karşılayamayacak kadar az kalori verilmesi de çocuğunuzun anlama kapasitesini azaltabilir. Bu nedenle kalori kısıtlamaları genellikle çocuğunuzun istirahat saatlerine denk getirilmeye çalışılmalıdır. İhtiyacı karşılayacak kadar bir kahvaltı ve öğlen yemeği çocuğunuzun başarısına olumlu katkı sağlar. Eve gelince daha hafif yiyeceklerin yenmesi ve kalori kısıtlaması yapılabilir. Kalori kısıtlaması yapılırken şunu da unutmamalısınız. Çocuğunuz sizin gibi değildir, büyüyen bir organizmadır. Büyümesi içinde vücudun temel yapı taşlarına ihtiyaç duyarlar. Bu temel yapı taşları et, süt, sebze ve meyvelerde bulunmaktadır. Kalori kısıtlamanızı daha çok yağ üzerinden yaparsanız temel yapı taşlarından yapmazsanız çocuğunuzun büyümesine olumlu

§

katkı sağlamış olabilirsiniz. Örneğin yemeklerinizi yağlı kızartma olarak yapmayınız, et, köfte, balık tavuk gibi yiyecekleri fırında veya suda haşlama şeklinde tüketmeniz ek kalori almanızdan sizi koruyabilir.

***

Gün içinde mesai saatlerinde çalışanlarda normal ve obez kişilerde kalori alımının düzenlenmesi

Gündüz saatlerinde çalışan biri iseniz yaptığınız işin riski ve iş yüküne göre diyetiniz değişecektir. Yukarıdaki açıklamalardan da anlaşılacağı üzere çalışma saatleri içinde iş yükünüze göre bazal kalorinizi ve işinizin gerektirdiği kaloriyi almalısınız. Zayıflama diyeti yapacaksanız kalori kısıtlamanızı iş saatleri dışında yapmanızı öneriyoruz.

Hepimizin değişik işleri vardır ve gün içinde işimizin gerektirdiği kalori ihtiyacı da farklılık gösterir.

Örnek olarak bazı meslekleri inceleyelim.

Bir öğretmen pazartesi günü işe başladığında o gün 5 saatlik dersi varsa, Salı günü dersi yoksa, çarşamba günü 2 dersi varsa her gün harcayacağı kalori farklılık gösterir.

Bir cerrah pazartesi poliklinik hizmeti veriyorsa , Salı günü ameliyat günü ise poliklinik gününde daha az kalori harcar, ameliyat gününde daha fazla kalori harcar.

§

Bir market kasiyeri her gün kasada 5 saat hizmet veriyorsa diğer zamanlar dinleniyorsa kasiyerin her gün harcadığı kalori yaklaşık olarak aynı diyebiliriz.

Herkes kendi yaptığı işin harcattığı kalorileri internete bakarak öğrenebilir. Böylece günlük çalışma işinin ne kadar enerji harcattığını bulabilir.

Sabah kahvaltı yapmamak istenmeyen bir şeydir ve altta psikolojik problemler içerebilir. Sabah kahvaltı yapılmalıdır. Kahvaltının içeriği ve kalorisi sizin iş yükünüze bağlıdır. Gerekenden az kalori almanız iş yükünü kaldırmanızda yetersizliğe , fazla kalori almanız da obeziteye yol açabilir. Eğer sabah az kalorili kahvaltı yaptıysanız saat 10-11 arasında hafif bir ara öğün yapabilirsiniz. Ara öğün olarak bir meyve alabilirsiniz.

Çalışma saatleriniz içinde gereksinim duyduğunuz kaloriyi hesaplarken 8 saat çalışıyorsanız 8 saatlik bazal enerji gereksiniminize çalışmanızın gerektirdiği kaloriyi ekleyerek yaklaşık olarak 8 saatte ihtiyacınız olan kaloriyi bulmuş olursunuz. Burada kısaca yapılan işlerin kalorilerini belirtmek istiyoruz:

15 dakika merdiven çıkmak: 160 kalori

15 dakika bulaşık yıkamak: 85 kalori

15 dakika araba kullanmak: 45 kalori

15 dakika ayakta yapılan işler (ders anlatmak, kasiyerlik, vs): 60 kalori

§

15 dakika mutfak işleri: 50 kalori

Öğlen yemeğinizi yerken de diyetinize uygun hale getirdiğiniz şekilde yemenizi tavsiye ediyoruz. Eğer obeziteden şikayetçi iseniz ve kalori kısıtlamayı düşünüyorsanız mesai saatiniz bitince iş yerinden çıkınca kalori kısıtlamaya başlamanızı tavsiye edeceğiz. İş yerinden çıkınca eve gidene kadar harcadığınız kaloriyi arttırmak için pratik öerilerimiz kitabımızın diğer bölümlerinde anlatılmıştı. Kısacası asansör yerine merdivenleri kullanmak ve eve gidene kadar daha çok yürüyebilmek gibi. Eve geldiğinizde kalori kısıtlamanız için düşük kalorili hafif bir akşam yemeği sizin için daha sağlıklı olacaktır. Kalori kısıtlamasını evinizde daha rahat tolere edebilirsiniz. Ayrıca evinizde sportif aktiviteler ile kalori yakmanızı da arttırabilirsiniz. Diğer bölümlerde yiyeceklerin kalorilerini verip nasıl bir öğün oluşturabileceğiniz hakkında pratik bilgiler vereceğiz.

Kaynaklar:

1.) (http://kadin.mynet.com/yasam/hayata-dair/21912-hangi-hareket-kac-kalori-yakar.html erişim 10,12,2015)

2.) http://beslenme.gov.tr/index.php?lang=tr&page=57

(erişim 10,12,2015)

3.) http://diyet.com.tr/index.asp?actions=aktivite

(erişim 12,12,2015)

§

Vardiya usulü çalışanlarda normal ve obez kişilerde kalori alımının düzenlenmesi

Vardiya usulü çalışma ülkemizde azımsanmayacak kadar çoktur. Mesai saatleri bir hafta 08-16 iken diğer hafta 16-24 olmakta diğer hafta ise 24-08 olabilmektedir.

Mesai başlangıcından mesai bitimine kadar geçen çalışma süreci içinde yukarıdaki örneklerdeki gibi kalori ihtiyacınızı almanızı tavsiye ediyoruz. Kalori kısıtlamanızı mesai sonunda istirahate çekildiğinizde yapmanızı tavsiye ediyoruz. Çünkü iş saatleri içindeki kalori kısıtlamanız iş veriminizi düşürebilir ve iş kazalarına yol açabilir. Mesai saatleri içindeki kaloriyi hesaplayıp gerekli kalori almanız, fazla kalori almamanız vücudunuzu dengede tutmada yardımcı olur. Eğer mesai başlangıcında gerekli yemeğinizi alamıyorsanız ara öğünler ile gerekli kalorinizi tamamlayabilirsiniz. Mesainiz gece bitiyorsa ve gece 24 te evinize geliyorsanız yorgun ve aç işseniz bu durum sizin yoğun bir yemek yemenizi gerektirmez. Bir bardak süt içip yatıp istirahate çekilmeniz istirahat saatlerinde kalori kısıtlamanızda size yardımcı olacaktır. Sabah kalktığınızda hafif kalorili bir kahvaltı yine tavsiyemiz olacaktır. Ancak Mesai öncesi yemeğiniz mesainizi rahat geçirecek derecede kaloriye sahip olabilir.

§

Mevsimlerin soğuk havaların iştah üzerine etkileri:

Mevsimler canlıların kiloları üzerine etki edebiliyor. Kışa girerken hava soğumaya başlar ve üşümeye başlarız. Üşüme ile birlikte vücut savunma sistemleri devreye girip vücuda daha fazla enerji alımı için iştah artar ve daha çok yemek yeme arzusu oluşur. Bu iştah artışı ile birlikte daha fazla yemek yenir ve kilo alınarak vücudun yağ dokusu arttırılarak vücudumuz soğuktan korunmak ister. Yıllar içinde her kış alınan kilolar vücutta kalarak kilo almamızda katkıda bulunabilir. Mevsimsel değişikliklere bağlı olarak havaların soğumaya başlaması ile iştah artışımızı kontrol edebilmek için üşümememiz, eğer üşürsek kendimizi sıcak tutacak derecede giyinmemiz iştah artışımıza kısmen de olsa engel olabilir. Bu nedenle havaların soğumaya başlaması ile birlikte üşümeye fırsat vermeden giyinmenizi öneriyorum. Bu üşümeniz sabah yataktan kalkınca olabilir bu nedenle sabah kalkınca üstünüze hırka alabilirsiniz. Gece yatakta üşümemek için yorgan üzerine bir battaniye alabilirsiniz. Gündüz işe giderken üzerinize kazak palto vs alabilirsiniz. Ne kadar kendinizi sıcak tutarsanız o kadar iştah kontrolünüzü iyi yapabilirsiniz.

Soğuk havalar tüm canlıların iştahını arttırmaktadır. Çünkü vücudun sıcaklığını cilt altı yağ dokusu korur. Havalar soğuyunca tüm canlılar cilt altı yağ dokusunu arttırıp çevre soğuğundan kendilerini korumak isterler. Soğuk havaların iştahı nasıl

§

etkilediğini çevrenizdeki canlılarda da gözlemleye-bilirsiniz. Soğuk havalarda sokak kedileri kilo alırlar ve sıcak havalarda ise bu kediler daha zayıflarlar. Bu durum canlıların soğuktan korunmalarını sağlar.

***

Ben kalori hesabını bilmem, hesap yapamam benim için diyet programı yok mu diyenlere:

Bazı kişiler kalori hesabını yapmayı sıkıcı bulur ve diyet programlarını uygulamada güçlük çekebilir. Bu kişiler için bu bölümde kalori hesaplamasını yapmadan daha pratik diyet önerilerinde bulunmak istiyoruz.

Bu bölüme göre diyet uygulamak istiyorsanız ilk önce tüm kitabı okumanızı istiyoruz. Çünkü kitabımızın diğer bölümlerinde günlük yaşamımızda önümüze gelen yemekleri nasıl diyet yemeğine çevirdiğimize ait pratik bilgiler vermiştik. Çalışırken, gezerken mecburen dışarıdan büfelerden lokantalardan yemek yemek zorunda kalıyoruz ve onlar bizim diyetimizi bilmedikleri için kendilerinin ürettiği yiyecekleri bize satmaktadır. Biz o yiyecekleri alacağız ve kendi diyetimize uygun hale getirip öyle yiyeceğiz. Bu pratik bilgileri kitabımızın diğer bölümlerinde yer yer tartışmıştık.

Yiyecekleri üçe ayırabiliriz. Yağlar, karbonhidratlar ve proteinler. Ancak pratik hayatta saf yağ, saf karbonhidrat, saf protein halinde gıdalar karşımıza gelmez. Bunların değişik oranlarda karışımları soframıza gelmektedir.

Yağlar en kalorili besin kaynağıdır. 100 gramında 900 Kalori vardır. Sonra karbonhidrat ve proteinler gelir ki yaklaşık olarak

§

bunların kalorileri birbirine yakındır diyebiliriz ve karbonhidrat ve proteinlerin 100 gramında ise 450 Kalori vardır.

Çikolata yağdan zengin bir tatlı çeşididir ve kalorisi yüksektir yaklaşık olarak 100 gramında 550 Kalori vardır. Kısacası en kalorili yağdır sonra çikolata, sonra ise karbonhidrat ve proteinler gelir. Yediğimiz hiçbir gıda saf yağ saf protein saf karbonhidrat değildir gıdalarımız bunların karışımıdır. Bu karışımlardaki oranlara göre içerdikleri kaloriler değişmektedir. Örneğin salatalık içerdiği karbonhidrat azlığı nedeniyle en az kalorili yiyecektir ve salatalığın 100 gramında sadece 20 kalori vardır.

Kalori hesabı yapmayacaksınız ancak sizin kendinizi takip edebilmeniz için bir takip kriteriniz olmalıdır. Eğer takip kriteriniz olmazsa kilo verdiğinizi nasıl bilebilirsiniz? Bunun için eğer zamanınız müsaitse her gün sabah aç karına tuvaletinizden sonra üzerinizde giysi olmadan tartılmalısınız. Böylece diyetinizin size etkisini takip edebilirsiniz.

İlk yapacağınız şey az ve sık yemek yemeniz olmanızdır. Niçin? Bunun amacı az gıda ile doyuma ulaşmanıza yardımcı olmaktır. Bu süreç 2-3 ay sürebilir. Kilolu kişiler bol yemek yedikleri için mideleri de bu bol yemek yemeye alışmıştır. Az ve sık yemek yemeniz ile mideniz zaman içinde az yemek ile size doygunluk sağlayacaktır. İlk zamanlarda yemeğinizi yavaş yiyin ve doymadan sofadan kalkın. Birkaç saat sonra yine az biraz yemek yiyebilirsiniz. Zamanla buna mideniz alışır ve yemek ile doyarsınız. Bu alışkanlığı kazandıktan sonra yemek aralarını da açabilirsiniz ve az sık yemek yerine az ve zamanında yani öğün saatlerinde yemek yemeye alışmış olursunuz. Bu dönem sizin uyum sağlama döneminizdir. Bu dönemde bol yağlı yiyeceklerden uzak durmalısınız. Sebzeye ağırlık verebilirsiniz. Ara öğünlerinizde domates ve salatalık gibi az kalorili sebzeleri seçebilirsiniz.

§

Uyum dönemi zor bir dönemdir. Sofradan tam doymadan kalkmanız gerekecektir. Bu uyum döneminde size yardımcı olması için biraz örnek vermek istiyoruz. Bir yemek tabağına yemek istediklerinizi yan yana koyun, üst üste tabağınızda yemek yığını oluşturmayın. Yan yana dizdiğiniz yiyeceklerinizi istediğiniz kadar su içerek yavaş yavaş yiyin ve sofradan kalkın. Aradan 15-20 dakika geçtikten sonra doygunluk hissettiğinizi fark edeceksiniz. Eğer 2-3 saat sonra acıkırsanız bir elma, domates, salatalık, bir bardak süt ile ara öğün yapabilirsiniz.

2-3 ay sonra mideniz az yemek ile doygunluğa ulaşıyorsa artık uyum sağlamış olursunuz. Bundan sonra sadece çok istediklerinizi yiyin, istediğiniz dışındakileri yememeye gayret ediniz. Örneğin canınız köfte istedi. Lokantaya girdiniz. Bir porsiyon köfte istediniz. Porsiyon tabağınızda size köfte yanında pilav, ekmek, salata da getirilirse siz çok istediğiniz köfteyi yiyin ve yağsız salatanızı yiyin. Diğer pilav ve ekmeği yemez iseniz sizin bu öğününüz diyetinize uygun az kalorili hale gelmiş olur. İçecek olarak ayran veya kalorisiz içecek seçebilirsiniz.

Kilo verdikten sonra bu yaşam stilinizi devam ettirmelisiniz. Kilo vermek yaşam stilinizle çok yakından ilgilidir. Mideyi doldurmaktan zevk alan bir kişilik yapısından çıkarak damak zevkine ve sağlıklı bir vücuda önem veren bir kişilik yapısını benimsemeniz çok önemlidir.

Kitabımızın diğer bölümlerinde yiyeceklerin kalorilerini vereceğiz. Lütfen bunlara bir göz atınız ve az kalorili yiyecekleri daha çok seçmeye özen gösteriniz.

§

Yiyeceklerin kalori değerleri:

Bu bölümde yiyeceklerin kalorilerini vereceğiz. Yiyeceklerin kalorilerini ezberlemenize gerek yoktur. En sık yediğiniz ve sevdiğiniz yiyeceklerin kabaca kalorilerini bilseniz yiyecek seçiminde size yardımcı olacaktır. Aşağıda yiyecek ve içeceklerin kalori değerlerini yaklaşık olarak özellikle vermek istedik. Çünkü meyve ve sebze dalında tam olgunlaşmadan toplanırsa ve rafta olgunlaşırsa bunun kalori değeri ile dalında tam olgunlaşan ve tadını tam alan meyve ve sebzenin kalorileri farklı olur. Aynı şekilde etlerin canlıların da birbirine göre yağ içeriklerinde farklılık olabileceği için etlerde de kalori içeriklerini yaklaşık olarak vermeyi tercih ettik. Tatlı hazırlamak tatlıyı hazırlayan ustanın el becerisine ve kullandığı malzemeye göre küçük farklılıklar oluşturabileceği için farklı kişilerin yaptığı baklavalar arasında da kalori farklılıkları olabilir. Meyve sularında da durum böyle olabilir. Ancak standart ölçülerde fabrikasyon üretimde her numunenin kalorisi benzerlik gösterebilir.

Besinlerin kalori miktarları:

Etler:

Kalori değerleri 100gr ette bulunan kalori olarak verilecektir.

100 gr yağlı dana eti: 220 Kalori

§

100 gr orta yağlı dana eti: 180-190 Kalori

100 gr az yağlı dana eti: 150-160 Kalori

100gr yağlı koyun eti: 300-310 Kalori

100 gr orta yağlı koyun eti: 260-270 Kalri

100 gr az yalpı koyun eti: 240-250 Kalori

Derili 100 gr tavuk eti: 201-220 Kaloir

Derisiz 100 gr tavuk eti: 100-120 Kalori

100 gr palamut: 160-170 Kalori

100 gr sardalya: 160-170 Kalori

100 gr hamsi: 100-110 Kalori

100 gr karides: 90-100 Kalori

100 gr pastırma: 240 Kalori

100 gr salam: 460 Kalori

100 gr sosis: 320-330 Kalori

100 gr sucuk: 450-460 kalori

§

100 gr yumurta: 160 kalori

Daha detaylı yiyecek çeşitleri hakkında internette bilgiler bulabilirsiniz. Kaynaklar bölümünde bu internet sitelerinden bazıları yer almaktadır. Biz şimdi et kalorileri hakkında yorum yapalım:

Salam sosis sucuk gibi işlenmiş et ürünleri yüksek kalorilidir. Bundan sonra koyun eti gelmekte. Sonra sığır eti. Derisiz tavuk etinin kalorisi çok daha az. 100 gr derisiz tavuk etinin kalorisi neredeyse 100 gr yağlı koyun etinin üçte biri kadar. Bu demektir ki 100 gr derisiz tavuk eti yerine 100 gr yağlı koyun eti yerseniz 3 kat daha fazla kalori alırsınız. Eğer 100 gr derisiz tavuk eti yerine 100gr salam yerseniz neredeyse 4 kat fazla kalori alırsınız. Balık etinin de kalorisi kırmızı ete göre düşük. Listeye göre en masum kalorili hamsi. Hamsi kızartma yağda kızardığı için yüksek kalorili, Halbuki fırında buğulama kalorisi oldukça düşük ve doyurucu bir gıdadır. Etleri de pişirirken suda pişirirseniz etin yağı suya geçeceği için etin kendisinin kalorisi azalır.

Meyveler:

100 gr elma: 45-50 Kalori

100 gr armut: 55-60 Kalori

100 gr ayva: 55-60 Kalori

§

100 gr çilek: 30-35 Kalori

100 gr greyfurt: 30-40 Kalori

100 gr hurma: 270-280 Kalori

100 gr incir: 70-80 Kalori

100 gr kavun: 30-40 Kalori

100 gr kayısı: 45-55 Kalori

100 gr kırmızı erik: 45-50 Kalori

100 gr kiraz: 60-70 Kalori

100gr kuru incir: 250-260 Kalori

100 gr limon: 30-35 Kalori

100 gr mandalina: 50-60 Kalori

100 gr muz: 90 kalori

100 gr nar: 80-90 Kalori

100 gr portakal: 45-50 Kalori

100 gr yağsız siyah zeytin: 110-120 Kalori

§

100 gr şeftali: 35-45 Kalori

100 gr üzüm: 60-70 Kalori

100 gr kivi:60-70 Kalori

***

Şimdi meyvelerin yorumunu yapalım. Listede gördüğünüz gibi kuru meyveler (hurma, kuru incir gibi) kalorisi yüksek gıdalardır. Diyet uygularken buna dikkat edilmesi gereklidir. Meyveler genel olarak kalorisi fazla olmayan doğal tatlılardır. İçerdiği mineral ve vitaminler vücudumuza oldukça faydalıdır. Ara öğün olarak tercih edilebilir. Eğer tatlı yerine meyve yiyebilirseniz ve bu sayede tatlıdan uzak durabilirseniz bu durum size daha faydalı olabilecektir. Kısacası tatlı yerine meyve yemenizi önerebiliriz.

Sebzeler:

100 gr biber: 30-40 Kalori

100 gr patates :65-75 kalori

100 gr brokoli:30-40 Kalori

100 gr soğan: 30-40 Kalori

100 gr domates: 20 Kalori

§

100 gr havuç: 40-50 Kalori

100 gr salatalık: 15-20 Kalori

100 gr karnabahar: 25-30 Kalori

100 gr kabak: 25-30 Kalori

100 gr ıspanak: 20-25 Kalori

100 gr kereviz 15-20 Kalori

100 gr marul: 15-20 Kalori

100gr lahana: 25-27 Kalori

100 gr soğan: 40-45 Kalori

100 gr turp: 15-20 Kalori

100 gr yeşil fasulye: 30-35 Kalori

Gördüğünüz gibi sebzelerin kalorisi düşüktür. Domates ve salatalık neredeyse en düşük kaloriye sahiptir. Yemeğinizin porsiyon hacminin artmasına kaloriyi fazla arttırmadan yardımcı olurlar.

§

Tatlılar:

100 gr fıstıklı baklava:330 Kalori

100 gr tulumba tatlısı: 280-290 Kalori

100 gr kalburabastı: 270-280 Kalori

100 gr şekerpare: 280-290 Kalori

100 gr kadayıf: 250-270 Kalori

100 gr tahin helvası: 560-570 Kalori

100 gr bal: 310-330 Kalori

100 gr krem çikolata (ekmek üzerine sürmek için): 550 Kalori

100 gr çikolata: 510 Kalori

100 gr vanilyalı dondurma : 180-200 kalori

100 gr reçel çeşitleri: 270-290 Kalori

100 gr pekmez: 290-300 Kalori

100 gr sütlaç: 120-130 kalori

100 gr yulaflı bisküvi: 445-455 Kalori

§

100 gr kazandibi: 150 Kalori

100 gr tavuk göğsü tatlısı: 80-90 Kalori

100 gr yaş pasta: 250-260 Kalori

Listede gördüğünüz gibi en masum tatlı sütlü tatlılar olup kalori değerleri diğerlerine göre daha azdır. Yağda kızartmalı tatlılarda ve içinde yağ bulunduran tatlılarda kalori yükü artmakta, çikolata, tahin helvası ve baklavada bu kalori yükü daha fala olmaktadır.

İçecekler:

Su: Suyun kalorisi yoktur. Sıfır kaloridir. Sağlığımız için mutlak gereklidir. Susuz bir yaşam düşünülemez. Tüm vücudumuzun sağlıklı dengeli çalışabilmesi için su içmeliyiz.

100 gr bira: 45 Kalori

100 gr kırmızı şarap : 85 Kalori

100 gr şekersiz çay: 1 kaloriden az

100 gr şekersiz kahve: 1 kaloriden az

§

100 gr şeftali suyu: 45 Kalori

100 gr ayran: 35 Kalori

100 gr sade gazoz: 40 kalori

100 gr kola: 45 Kalori

100 gr vişne suyu: 60 Kalori

100 gr kayısı suyu : 45 Kalori

Suyun ilk tercihimiz olması gerektiğini düşünüyorum Ancak kişisel zevke uygun olarak kalorisi bilinerek diğer içecekler tercih edildiğinde bunların kar zararları düşünülmelidir. Size vereceği vitamin besin değeri olup olmadığı bir yanda düşünülmeli diğer yanda da kalori yükleri olduğu unutulmamalıdır.

Kaynaklar:

1.) http://www.akillidiyet.com/kalori_cetveli/et_grubu.html (erişim 10,12,2015)

2.) https://www.diyetkolik.com/kac-kalori/ (erişim 10,12,2015)

3.) https://www.kadifeli.com/vasil/cagdasKC.html (erişim 10,12,2015)

4.) http://www.kalori.biz/kalori-cetveli/gunluk-besinler/etler.html (erişim 10,12,2015)

5.)　http://www.hthayat.com/yasam/haber/665330-hangi-et-kac-kalori (erişim 10,12,2015)

6.) http://www.diyetlistem.com/kalori-cetveli.htm (erişim 10,12,2015)

7.) http://www.bodytr.com/kalori-cetveli-et-ve-et-urunleri (erişim 10,12,2015)

§

Sağlıklı yaşama ve beslenme üzerine tavsiyeler ve kanserden korunma üzerine tavsiyeler.

Günümüzde uzun yaşamak kanserden ve diğer hastalıklardan korunmak için birtakım tavsiye makaleleri yazılmaktadır. Artan tıbbi bilgiler ile bu konular daha anlaşılmış ve hastalarımıza tavsiyeler haline getirilmiştir. Bizde bildiklerimizi burada özet olarak anlatmak istiyoruz.

Önerilerimizi çocuk oluşumundan insan ölümüne kadar geçen sürelere uygun olarak sıralamak istiyoruz:

Hamilelik öncesi dönemde hamile kalmak isteyen bayanların bir kadın doğum uzmanına danışıp hamilelik sırasında karşılaşılabilecek hastalıklar hakkında bilgi alması ve bunların kontrollerini yaptırmasını tavsiye edebiliriz. Örneğin hamilelik öncesi çürük dişlerin tedavileri önerilmektedir. Yine hamilelikte safra kesesi rahatsızlıkları da olabileceği için sistemik bir sağlık kontrolü programından geçmeniz sağlıklı bir hamilelik geçirmenize yardımcı olacaktır. Hamilelik geliştiği zaman bebeğin anne karnında sağlıklı gelişimini takip için kadın doğum uzmanından profesyonel yardım alınmalıdır.

Çocuk doğunca çocuk hekimi tarafından muayenesi ve takibi kabul gören bir öneridir. Bebeklik döneminde anne sütünün önemi çok kabul görmüş ve önerilen bir bebek beslenme yöntemidir. Sütünüzün yeterli olup olmadığı veya herhangi bir

§

hastalık yüzünden bebeğinizi mama ile beslemeniz gerekirse bir çocuk hekimine başvurmanız sağlıklı bir mama seçimi için yapmanız gereken davranışlar arasındadır.

Çocuğunuz büyümesi sırasında hastalık olmadan da belirli aralıklar ile çocuğunuzun gelişimi hakkında ve çocukluk dönemi hastalıklarına karşı belirli dönemlerde çocuk hekiminize mueyeneler için gitmenizi öneririz. Nasıl ki otomobilinizi periyodik servis kontrollerine götürüyorsunuz niçin çocuğunuzu belirli periyodik muayeneye götürmeyeceksiniz? Çocuklarınızın periyodik muayeneleri sayesinde beslenme durumları, aşıları ve sağlık durumları kontrol edilmiş olur. Çocuğunuzun büyümesi sırasında dengeli beslenmesine özen göstermeniz onun vücudunun gelişimi için çok önemlidir. Çocukluk döneminde kemikler geliştiği ve vücudu büyüdüğü için çocukların kalsiyum ve proteine ihtiyaçları daha fazla olabilir. Çocuklarınızın süt içmesine ve protein almasına özen gösteriniz. Çocuklarınızı muhallebi sütlaç ağırlıklı beslerseniz obez çocukların yetişmesine neden olabilirsiniz. Birçok anne baba çocuklarını aşırı besler ve obez hale getirir. Çocuğunuzun obez olmamasına dikkat ediniz.

Erişkin döneminizde obeziteden korunmanız için dengeli beslenmeniz ve düzenli spor yapmanızı önerebiliriz. Yine belirli dönemlerde kan ve biyokimya kontrolleri şeker üre karaciğer fonksiyon testlerinizi, kolesterol düzeylerini kontrol ettirmenizi tavsiye edebiliriz.

Tuz ile tansiyon yüksekliği arasında yakın ilişki olduğu için tuzdan uzak durmanız genel olarak tavsiye edilen bir durumdur.

§

Öfke kontrolünüzü her zaman kontrol etmenizi kuvvetle öneririz ve asabi bir kişiliğe sahipseniz bunun normal olmadığını bilin ve tedavi olun. Kolay sinirleniyorsanız öfkenizi kontrol edemiyorsanız günün birinde başınız belaya girebilir. Bu konuda psikiyatri hekiminden profesyonel yardım alabilirsiniz.

Erkeklerde en sık ölüm nedenlerinin başında akciğer kanseri gelmektedir ve akciğer kanserinden korunmanın temel taşı ise sigara içmemektir. Sigaraya kesinlikle başlamamanızı eğer sigara içiyorsanız kesinlikle hemen sigarayı bırakmanızı kuvvetle öneririz.

Kadınlarda en sık ölüm nedenlerinin başında ise meme kanseri gelmektedir. Meme kanserinin erken teşhis ve tedavisi için 40 yaşından sonra mamografi önerilmektedir. Tüm kadınlara her yaşta kendi kendine meme muayenelerini yapması ve herhangi bir şikayeti olursa bayanların hangi yaşta olursa olsun doktora başvurması önerilmektedir. Rutin tarama yaşı 40 olarak kabul edilmekle birlikte eğer meme kanseri ile ilgili risk faktörlerine sahip bayanlarda daha erken yaşlarda tarama muayenelerine başlanması önerilmektedir.

Kadın ve erkeklerde ikinci sırada en sık görülen ölüm nedeni ise kalın barsak kanseridir. Kalın barsak kanserinin tarama testi olarak dışkıda gizli kan testi, kolonoskopi gibi testler önerilmektedir. En etkili tarama testi kolonoskopidir ve normal normal şartlarda 50 yaşından sonra rutin olarak yapılması tavsiye edilmektedir. Kolonoskopi kalın barsağın endoskopik olarak görüntülenmesi işlemidir. Risk faktörleri varlığında kolonoskopi

§

daha erken yaşlarda yapılmaktadır. Kolonoskopinin tanı değeri %100 olmasa da günümüzde tanı değeri en yüksek görüntüleme yöntemidir.

Ülkemizde tedavi edici hekimlik ön plandadır ve hastalarımız şikayetleri olduğunda hastaneye başvurmaktadır. Hastalıkların erken tanı ve tedavilerini başarabilmek için ülkemizde koruyucu hekimlik hizmetinin önemi anlatılmalı ve bu konuda insanlarımız bilinçlendirilmelidir.

Ülkemizde ölümlerin diğer bir nedeni de trafik kazalarıdır. Bu kazaların en önemli nedeni ise trafik kurallarına uymamak, trafikte sinirlilik ile kızgınlık ile yarışma dürtüleri ve başkalarına karşı egemenlik duyguları ile araç kullanmak gibi risk faktörleri sayılabilir. Yapılan bir araştırmada üniversite mezunlarının daha fazla olduğu şehirlerde nüfusa oranla trafik kazası oranı daha az olduğu bulunmuştur. Üniversite mezunlarının daha az olduğu şehirlerde ise nüfusa oranla trafik kazası oranının daha fazla olduğu görülmüştür. Bu araştırma trafik kazalarını azaltmada eğitimin önemini vurgulamaktadır. Trafik kazalarını önlemek için hem sürücülerin hem de yayaların trafik kurallarına uymaları çok önemlidir.

Yaşlılarda kemik erimesi sonucu kalça kırıkları oldukça fazla görülmekte ve bu kırıklara bağlı olarak ileri yaşlarda ameliyat gerekmektedir. İleri yaşlarda ameliyat riski yükseldiği için ameliyat sonu dönemlerde ölümler de görülebilmektedir. Bunun gelişimini azaltabilmek için yaşlıların ayağının takılmasına neden olabilecek evdeki halıların, kapı eşiklerinin, tümseklerin

§

olmaması tavsiye edilmektedir Ayağı halıya takılan yaşlı düşebilmektedir veya banyoda ıslak zeminde yaşlı aile bireylerimiz düşebilmektedir. Bu nedenle ev kazalarına karşı yaşlılarımız korunmalıdır. Hem erkeklerde hem kadınlarda kemik erimesi(osteoporoz) görülebildiği için kemik erimesi konusunda kontrollerin yapılması ve osteoporoz varlığında tedavi yapılması önerilmektedir.

İleri yaşlarda kalp krizi riski de artmaktadır. Bu konuda kardiyolojik kontrollerini yaptırmanız, tuzdan uzak durmanız, obeziteden korunmanız, kan kolesterol düzeylerini düzenlemeniz risklerinizi azaltmada yardımcıdır.

Zayıf olup kilo almak isteyenlere tavsiyeler:

Bazı kişiler zayıf olduklarına inanıp kilo almak isterler. Yemek yediklerini ancak kilo alamadıklarını söyleyerek durumlarından şikayetçilerdir. Yemek yediklerini söylerler ve buna inanırlar. Bu kişilerin ilk önce fiziksel olarak muayene olmaları ve bu konuda doktorundan profesyonel yardım almalarını öneriyoruz. Kilo alınmasını engelleyen pek çok hastalık vardır. Bunların bazıları gıdaların barsaklardan emilimini önlerler. Bazı hastalıklar ise metabolizmayı arttırarak yenilen gıdaların hızlı metabolizmaları nedeniyle aşırı yıkımına neden olur. Bazı hastalıklar ise hastalığın kendisinin ilerlemesi nedeniyle vücuttan enerji çalar ve vücudu bitkin hale getirir. Fizik muayene ve laboratuar olarak normal

§

olduğu hekim tarafından tespit edildikten sonra beslenme özelliklerinin incelenmesi gereklidir. Günlük ihtiyacı olan kaloriyi alıyor mu ya da almak istemiyor mu?

Bazı psikolojik rahatsızlıklar kilo alınmasını engellemektedir. Bu psikolojik rahatsızlılarda depresyon, sabah iştahsızlığı, kahvaltı atlanması, yemek akla gelince mide bulantısı gelişmesi, iştahsızlık, yemek yedikten sonra kusup yenilen gıdaların çıkarılması vs. vs. değişik bulgular görülebilir. Tedavisi için psikiyatri uzmanına başvurmaları gereklidir. Burada şunu tekrar vurgulamak istiyoruz bu bulguların psikolojik nedenli olduğunu söylemeden önce altta yatabilecek organik bir neden olup olmadığı araştırılmalıdır. Psikolojik neden ile zayıflığın oluştuğu tespit edildikten sonra kişi psikiyatrik tedaviye başlamalıdır ve bu sırada iştah arttırıcı soslar yemeklerinde kullanabilir ancak kilo alımı diyeti tek taraflı sadece yağdan zengin olmamalı dengeli ve düzenli bir beslenme olmalıdır. Kilo alımı için gereğinden fazla yüksek kalorili bir gıda rejimi olmamalıdır. Kilo alımı zaman içinde ve yavaş yavaş yapılmalıdır. Hızlı kilo alımları vücut metabolizmamıza aşırı yük getirebilir.

***

§

Yemek tarifleri:

Çorbalı menü:

Yukarıdaki çorba ve salata akşam yemeği için güzel bir menü olabilir. Çorba tavuk suyu çorbadır. ilk önce çorba suyu hazırlanıp içine haşlanmış tavuklar eklenir. Çorbanın hazırlanışında un soğuk suda eritilip suda kaynatılır içine bir tutam şehriye isteğinize uygun sebze taneleri (havuç, kabak, kereviz) eklenebilir. Tavuğu haşlarken elde edilen tavuk suyundan az miktar (1 çay bardağı kadar) bir porsiyon çorba için kaynama suyuna eklenebilir. Çorba kaynadıktan sonra tavuk taneleri eklenip sirke veya limon eşliğinde bir dilim kepekli ekmek eşliğinde servis edilebilir.

§

Çorbanın yanında doygunluğa ulaşmamıza yardımcı olmak için tercihen yağsız salata menümüzü zenginleştirebilir.

Sulu sebze yemekleri:

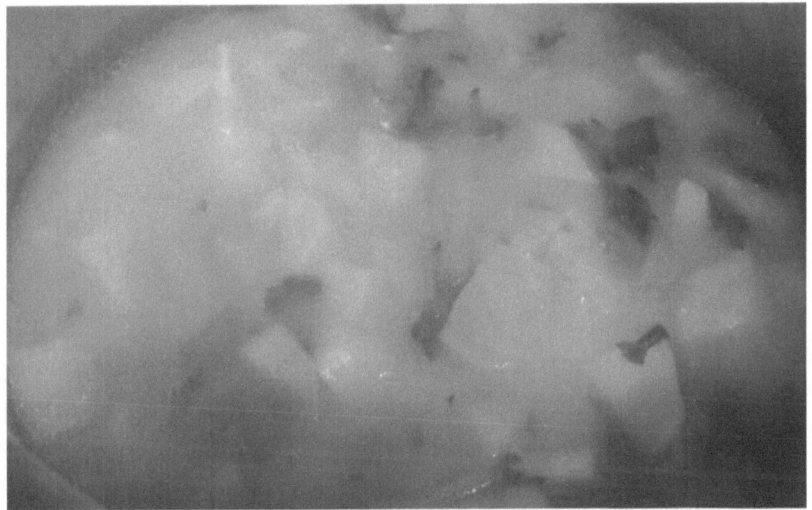

Resimde kereviz yemeği örnek olarak verilmiştir. Az yağlı hazırlanan, diğer sebzelerle kombine edilen bir porsiyon sebze yemeği sizin için iyi bir seçenek olabilir.

§

Balık:

Fırında pişirilmiş bir balık size az kalorili bir yemek olabilir. Kızartmanın kalorisi yüksek olduğu için tavsiye etmiyoruz. Ateşte pişirilen ızgara balıklar da az yağlı bir balık yemeği çeşidi olabilir.

Tavuk:

Tavuğun derisi yağlıdır. Mümkünse kaloriyi azaltmak için derisi alınmış tavukları tercih etmenizi öneriyoruz. Haşlama, ızgara veya fırında tavuk iyi seçenekler arasındadır.

Et yemekleri:

Aşağıdaki 2 örnek resimde kızartma özelliğine sahip et yemeği örneği verilmiştir. İlk önce et kızgın yağda arkası önü kızartılıp düdüklü tencerede suda haşlanır. Resimde gördüğünüz gibi yağı haşlama suyuna çıkacaktır. Daha sonra etleri tabakta servis edebilirsiniz. Lezzeti kızartma özelliğinde kalorisi ise haşlama et özelliğine yakındır.

§

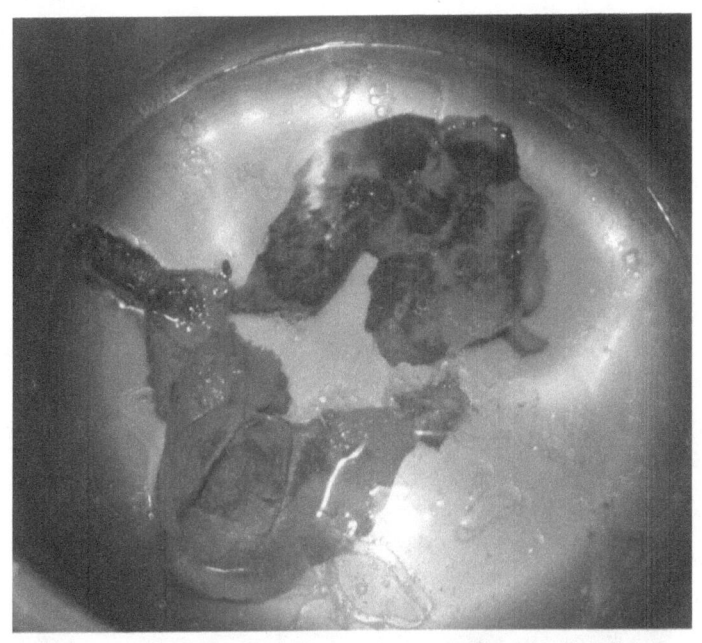

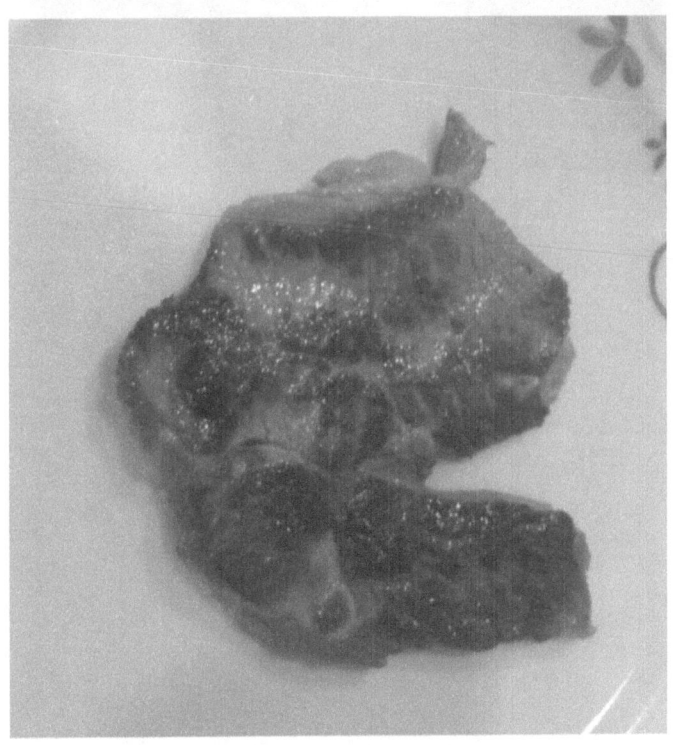

§

Köfte:

Köfteler fırın tepsisine konulur ve fırında pişirilir. Lezzetli ve az yağlı köfte menünüzde yer almış olur. Aşağıdaki 2 resimde fırın tepsisindeki görüntü ve piştikten sonra servis tabağındaki görüntüler sunulmuştur.

§

İçli köfte yerine tepsi köftesi:

İçli köfte özel olarak hazırlanıp yağda kızartılıp servis edilir. Yüksek kalorilidir. Biz bunun yerine bu köftenin tepside hazırlanmasını öneriyoruz. İçli köftenin dış kısmı tepsi tabanına yerleştirilir. Sonra ortaya etli kısım yerleştirilir ve bu tabakanın üstüne yine bulgurdan hazırlanan dış tabakası bir kat şeklinde yerleştirilir. Fırında pişirildiği için yağda kızartmaya göre kalorisi daha azdır.

İçli köfte tarifi ile hazırlanmış tepsi köftenin servis edilmiş hali.

§

Kızartmalar:

Üstü ve altı fırça ile yağlanmış sebzeler fırın tepsisine yerleştirilir.

Üstü ve altı fırça ie yağ sürülerek patlıcanlar fırın tepsisine yerleştirilir.

§

Sebzelerin fırından çıkmış halleri görülmekte.

Fırından çıkmış kızartma tadında kabaklar servis tabağında.

§

Fırından çıkmış kızartma tadında patlıcanlar servis tabağında.

Patatesler fırında üzerleri hafif yağlanarak pişirilir.

§

Kızartma tadında fırından çıkmış patatesler

§

Makarnalar:

Fotoğrafta sebzeli ve sütte pişirilmiş makarna sunulmuştur. Az suyla haşlanmış makarnaya suyu azalınca bir bardak süt eklenir ve kaynamaya devam ederek sütü makarnanın içine çekmesi beklenir. Daha sonra içine haşlanmış sebze eklenerek servis edilebilir. Lezzeti kremalı makarnaya benzer olması nedeniyle size iyi bir damak tadı sağlayabilir.

§

Mezeler:

Kuru bakladan hazırlanan fava üzerine az yağ dökülerek lezzetli bir meze seçeneği sunabilir.

§

Salatalar:

Sebzeleri buharda pişirerek diyete uygun sebze salataları çeşitleri soframıza zenginlik ve diyetimize uygun yemek oluşturabiliriz.

§

Meyve tatlıları

Ayva tatlısı diğer tatlılara göre(baklava, tulumba tatlısına göre) daha az kalorili bir tatlı seçeneğidir.

§

Meyve suları

Evde mevsim meyveleri ile katkısız meyve suyu hazırlamanıza yardımcı olmak için örnek verilmiştir.

Ayva suyu

Ayvalar suda kaynatılır.

Çekirdekleri çıkarıldıktan sonra blendır ile karıştırılır ve içine bir kilo meyve için bir çaybardağı şeker konup bir taşım kaynatılır.

§

Hazırlanmış meyve suyu konsantre olduğu için isteğe bağlı olarak sulandırılarak servis edilebilir. Afiyet olsun.

Erik suyu

Hazırlanma ayva suyu gibidir. İlk önce erikler kaynatılır.

§

Çekirdek ve kabukları atıldıktan sonra blender ile karıştırılıp bir kilogram erik için bir çay bardağı şeker konulup bir taşım kaynatılır.

İsteğe bağlı oranda sulandırılarak servis edilir.

§

Ev limonatası

Bir portakal ve bir limon yıkandıktan sonra kabuğu ile rondo içine konarak iyice çok küçük parçalara ayrılması püre haline gelmesi sağlanır. Sonra üzerine bir miktar su konulup 10 dakika bekledikten sonra süzgü ile süzülür. Üzerine su konularak 1 litreye tamamlanır ve içine bir çay bardağı şeker ilave edilerek servis edilir. Renk ve koku ve lezzet size mükemmel bir limonata damak tadı sunabilir.

Ev limonatası.

§

Sütlü tatlılar:

Bir kilogram kabak fırın tepsisine tek sıra dizilir üzerine kabakları örtecek kadar süt eklenir. Süt içinde bir çay bardağı şeker eritilmelidir. Fırında pişirilir. Pişerken sütün suyu azalıp süt koyulaşır ve üzeri kaymak tutar. Lezzetli bir az kalorili tatlı seçeneği olarak düşünülebilir.

SON

§

§

www.ingramcontent.com/pod-product-compliance
Lightning Source LLC
Chambersburg PA
CBHW032024170526
45157CB00002B/853